Conoce todo sobre instalación de sistemas de riego en parques y jardines

Conoce todo sobre instalación de sistemas de riego en parques y jardines

Iván de la Fuente

Fernando Calleja

STARBOOK

Conoce todo sobre instalación de sistemas de riego en parques y jardines
© Iván de la Fuente, Fernando Calleja
© De la edición StarBook 2013
© De la edición: ABG Colecciones 2020

Editado por:
StarBook Editorial
Madrid, España

Colección American Book Group - Ingeniería y Tecnología - Volumen 16.
ISBN No. 978-168-165-782-0
Biblioteca del Congreso de los Estados Unidos de América: Número de control 2019935292
www.americanbookgroup.com/publishing.php

Maquetación: Gustavo San Román Borrueco
Diseño Portada: Fernando Calleja · Iván de la Fuente
Arte: Welcomia / Freepik

Este libro está dedicado a mis padres y hermanos, de los que me acuerdo todos los días, y sobre todo a Miriam, sin cuya paciencia este libro no habría sido posible. Y, por supuesto, a mi pequeña Celia.

Fernando

Dedico este libro a todas las personas que quiero, en especial a mi madre, abuelos y a Sandra, sin olvidar a Alicia, Tomás, Ángel, Frodo y todos mis amigos.

Iván

ÍNDICE

AGRADECIMIENTOS

Debemos reconocer que este libro es fruto de un arduo trabajo constante y que no habría sido posible sin la inestimable ayuda de varias personas y organizaciones que han contribuido de alguna manera en la creación de esta obra. Queremos destacar a nuestro colega Luis García Sedeño, codirector en la revista digital *www.IngenieriaDelJardin.es*, que ha contribuido en la recopilación de contenidos gráficos. También queremos agradecer la ayuda de Bienvenido Rodríguez Martín, gerente de Viagua S.L., con el que iniciamos nuestros caminos profesionales en el mundo del riego. Por último, debemos agradecer la cesión de documentación gráfica y técnica a Hunter Industries e Imma Pedemonte, que desde la primera llamada nos ofrecieron toda la asistencia que les solicitamos.

PRÓLOGO

Todo profesional de la jardinería que se precie, debe tener conocimientos de riego. Con este libro lo que han conseguido sus autores, Fernando e Iván, es que incluso las personas que no sean profesionales de la jardinería, tengan nociones de riego, para ser capaces de diseñar y/o instalar uno por sí mismos.

Este libro se ha escrito con rigor, explicando todas las facetas y elementos que componen el tema a tratar, y sobre todo, con mucha claridad de ahí su adecuación para neófitos.

Si tuviera que enumerar tres razones para adquirir el libro, estas serían las siguientes y no serían necesariamente las únicas y en este orden:

La ilusión con la que está escrito; ese es el motor para hacerlo todo en la vida y no iba a ser menos en este caso. He seguido el proceso de creación de este libro y puedo decir que esa ilusión ha sido su motor, para los días, en que las cosas no fluían como ellos esperaban.

Los conocimientos que se aportan, tras diez años (no son muchos hablan de lo jóvenes que son, pero tampoco son pocos), de dedicarse casi en exclusividad a este tema. Dichos conocimientos son producto del trabajo en diferentes empresas que avalan la trayectoria de estos dos grandes profesionales.

Iván comenzó su andadura en CESPA conmigo en el año 2001, para continuar su trayectoria posteriormente en Riegos Programados, asentarse y crecer en Viagua SL y establecerse por último en Conservación y Sistemas SA del grupo FCC empresa en la que actualmente se encuentra y en la que participa, tanto en mantenimientos diversos, como en la elaboración de proyectos. No son pocos los trabajos realizados por Iván en estas empresas, y en todas ellas pueden hablar de su calidad humana y profesional.

Su compañero en este viaje, Fernando, comenzó como se debe hacer en esta profesión, de jardinero, aprendiendo nuestro oficio como vulgarmente se dice "manchándose las manos"; pronto comenzó una aventura junto a Iván y el que escribe, llamada "Iberojardín" que no salió ni bien, ni mal, pero de la cual aprendimos mucho y de la que guardo grandes recuerdos. Seguro que de aquellos días, vienen ideas plasmadas en este libro.

Fernando siguió los pasos de Iván en Viagua SL, para dedicarse a la docencia en Meco durante varios meses, y por fin recalar en Talher dentro del propio sector del riego. Actualmente se encuentra en la empresa Fontimat SA realizando trabajos tanto de elementos de riego como de fuentes ornamentales.

El tercer motivo es evidente, su clara vocación docente (ambos han ejercido y ejercen como profesores), les ha ayudado a saber contar las cosas y que todo el mundo sea capaz de entenderlas y comprenderlas.

En cuanto al libro que nos ocupa, puedo asegurar que más que un libro es una guía de consulta, puede usarse como ya he comentado para aprender desde "cero", o bien, como un recordatorio para los profesionales que se dediquen a esta profesión.

El libro está dividido en siete capítulos, en los cuales nos encontramos, desde fundamentos de hidráulica, pasando por la descripción de todos los elementos de riego existentes, hasta llegar a las distintas formas de diseñar un riego, y por supuesto los mantenimientos pertinentes.

La gran cantidad de fotografías de cada elemento, para facilitar su identificación, los croquis y planos con múltiples y variados ejemplos, de posibilidades que se nos pueden dar, las tablas y ábacos, para hacer los cálculos, el desglose detallado de los ejercicios, todo ello hace de este libro una guía perfecta para acercarnos al mundo de los riegos, y que los profesionales de este sector, tengamos sin duda a nuestro alcance una guía de referencia que no puede faltar en nuestra biblioteca jardinera.

Por ello solo puedo decir aunque sé de sobra que no la necesitan.

"Mucha suerte amigos"

Fdo. Fernando Navío Muñoz

Ingeniero Técnico Agrícola

Técnico de mantenimiento de jardines en Parque Lineal del Manzanares

INTRODUCCIÓN

La cada vez mayor concienciación social sobre el ahorro del agua, el deterioro de las redes de abastecimiento existentes y el incremento del consumo derivado del crecimiento poblacional y de zonas verdes conlleva la necesidad de exigir un mejor aprovechamiento del agua mediante sistemas de riego más eficientes.

En la actualidad no es necesaria la acreditación de ningún conocimiento en materia hidráulica para realizar una instalación de riego. Esto provoca el nulo progreso en cuestión de ahorro de agua y la aparición de montadores poco cualificados que realizan instalaciones muy deficientes, poco profesionales y con una baja uniformidad de riego. Baja uniformidad que se traduce en un mayor consumo de agua para poder mantener las zonas verdes en un estado aceptable.

El presente libro pretende la divulgación de los conocimientos imprescindibles para la realización de sistemas de riego en parques y jardines, en un intento de parar el "todo vale" en el ámbito del riego. Es necesaria la profesionalización del mundo del riego, tanto residencial como de áreas públicas, a fin de evitar el despilfarro actual de agua. También es objetivo de este libro el ofrecer unas pautas para el desarrollo de los proyectos de riego, así como una breve indicación de los materiales más utilizados.

Capítulo 1

FUNDAMENTOS HIDRÁULICOS

Toda instalación hidráulica está supeditada por dos variables fundamentales: el **caudal** y la **presión**. El conocimiento y comprensión de ambas y su interacción son esenciales para un correcto dimensionamiento de la instalación. En el presente capítulo se explican estas dos variables y otros fundamentos necesarios para la comprensión de una instalación de riego.

1.1 CAUDAL

El caudal es la cantidad de agua que fluye por una conducción por unidad de tiempo. El caudal se mide usualmente en litros por minuto (l/min), aunque también se puede expresar en metros cúbicos por hora (m³/h). Para un manejo más sencillo de los datos, la equivalencia de estas unidades es:

1 m³ = 1000 l

1 h = 60 min

$$1\,m^3/h = \frac{1000\,l}{60\,min} = 16,67\,l/min$$

El caudal disponible no es un dato fijo; en las redes de abastecimiento de agua existen fluctuaciones en el caudal que suministran debido a la variación en la presión ocasionada por el consumo de agua. A lo largo del día existen puntas de consumo que hacen que el agua disponible sea inferior a la media diaria. Por ejemplo, es común en zonas residenciales una reducción del caudal disponible en horas nocturnas debido a la programación nocturna de los riegos. Debido a esto no se debe tomar el dato del caudal como algo inmutable, siendo necesario prever un caudal inferior al medido de cara al dimensionamiento de la instalación.

Conocer el caudal del que se dispone en la acometida de agua donde se conectará el sistema de riego es necesario para poder diseñarlo y proyectarlo de forma adecuada. La obtención del dato del caudal se puede realizar de varias maneras:

- Midiendo con **caudalímetro** o flujómetro: es un aparato que registra el caudal instantáneo de una conducción. Se instala en la propia tubería y arroja como resultado el caudal instantáneo.

Figura 1.1. Caudalímetro tipo tubo de Pitot

- Midiendo con un **contador de agua**: es un aparato que mide la cantidad de agua que ha fluido por una conducción. Como se necesita la cantidad de agua por unidad de tiempo, se utiliza un cronómetro para controlar cuánto tiempo tarda en fluir determinada cantidad de agua. El problema reside en que algunos contadores suelen estar reglados para medir grandes cantidades (m^3) y por tanto es necesario consumir mucha agua para medir el caudal medio.

Figura 1.2. Contador de agua

- Medición con un recipiente de volumen conocido y un cronómetro; consiste en observar cuánto tiempo tarda en llenarse el recipiente. Por ejemplo, se dispone de una botella de 5 litros que bajo un grifo tarda 10 segundos en llenarse. Es decir:

5 litros ➡️ 10 segundos

X litros ⬅️ 60 s (1 min)

$$X = \frac{5 \times 60}{10} = 30 \; l/min$$

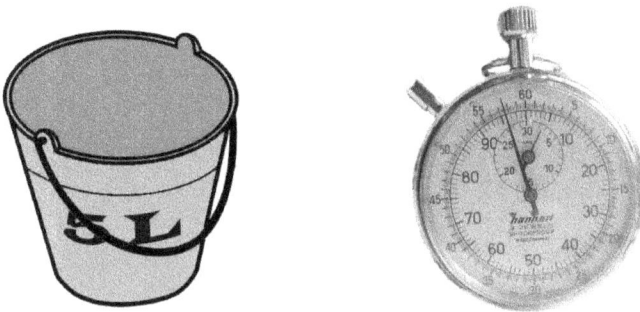

Figura 1.3. Las figuras simbolizan los elementos necesarios para la medición del caudal: recipiente de capacidad conocida y cronómetro

Éste es un método muy inexacto debido a las pérdidas por salpicaduras y a la dificultad de obtener mediciones exactas tanto en el volumen de agua como en el tiempo. Sólo es recomendable en el caso de acometidas de agua de muy pequeño diámetro (máximo para acometidas de DN 20), puesto que operativamente es imposible de realizar en diámetros grandes.

- Por último, y siendo imposible la medición mediante cualquiera de los otros métodos, se puede estimar el caudal. La estimación es un método inexacto, aunque no es menos acertado, pues se aportan unos coeficientes de seguridad que garantizan un escenario desfavorable. Se puede estimar el caudal de dos formas:

  - Los contadores de agua llevan impreso el caudal máximo, $Q_{máx}$, que es capaz de proporcionar, y el caudal nominal, Q_n, que es el que se debe tomar como estimación para un diseño guardando un margen de seguridad.

  - En el caso de disponer de una tubería como entrada de agua, se puede estimar conociendo el caudal que es capaz de transportar la tubería según su diámetro. En la siguiente tabla vienen expresados los caudales según el diámetro exterior de la tubería y su timbraje para las tuberías de polietileno y con una velocidad del agua de 1,5 m/s.

Ø exterior en tubería de PEAD	Timbraje	
	10 atm	16 atm
32 mm	56 l/min	47 l/min
40 mm	92 l/min	75 l/min
50 mm	133 l/min	115 l/min
63 mm	222 l/min	186 l/min
75 mm	300 l/min	264 l/min
90 mm	414 l/min	366 l/min

Este proceso es válido cuando existe un remanente de presión aceptable en la red, y se debe entender que son datos con un margen de seguridad suficiente.

1.2 PRESIÓN

La presión, físicamente, es una fuerza de empuje sobre una superficie. En el caso del riego, es la fuerza que ejerce el agua sobre las paredes interiores de la tubería, piezas y sobre las propias partículas de agua. De una forma más práctica es la energía que mueve el agua en el interior de la conducción, vence desniveles y permite el funcionamiento correcto de los emisores.

La presión, según el principio de Pascal, se distribuye de forma uniforme por toda la conducción.

La presión se mide mediante un aparato llamado **manómetro**, y las unidades de medida son:

- **Metro de columna de agua** (mca): equivale a la presión ejercida por una columna de agua pura de un centímetro cuadrado de superficie y un metro de altura.

10 m

Figura 1.4. La figura de la izquierda muestra un manómetro y en la izquierda puede verse la representación gráfica de 1 atm (10 mca)

- **Atmósfera** (atm): equivale a la presión ejercida por la atmósfera terrestre al nivel del mar.

- **Kilogramo por centímetro cuadrado** (Kg/cm^2): es la presión ejercida por un kilogramo en un centímetro cuadrado de superficie.

- **Bar** (bar): unidad empleada en el sistema internacional de medida.

La relación entre las unidades de presión, para la aplicación hidráulica de un sistema de riego, es:

$$10 \text{ mca} \approx 1 \text{ atm} \approx 1 \text{ Kg/cm}^2 \approx 1 \text{ bar}$$

La presión no se debe estimar, y es imprescindible medirla, pues toda instalación tiene un umbral máximo y un umbral mínimo de presión para el correcto funcionamiento de la misma. Si se supera la presión máxima, pueden acontecer diversos problemas, que van desde un mal funcionamiento de los emisores hasta la rotura de las conducciones. Si la presión es inferior al mínimo exigido, los emisores trabajarán de forma incorrecta pudiendo llegar a la ausencia de cierre de las válvulas hidráulicas.

A efectos de una instalación de riego, interesa conocer dos tipos de presión:

- **Presión estática**: es la presión máxima que hay en la instalación. Se produce cuando no hay movimiento de agua en la red de tuberías. Se obtiene midiendo la presión sin salida de agua. La presión estática es la misma en toda la instalación (siempre que se encuentren a la misma cota, principio de Pascal) y es la que marca cuál debe ser el timbraje de las conducciones.

- **Presión dinámica**: es la presión existente cuando hay movimiento de agua en la conducción. Varía según el punto de la instalación donde se mida debido a las pérdidas de carga (pérdidas de presión por rozamiento) y también se ve afectada por el desnivel.

1.3 RELACIÓN CAUDAL-PRESIÓN

La presión y el caudal son dos variables ligadas, e inversamente relacionadas.

Cuando la presión es máxima (presión estática), no hay movimiento de agua, por lo que el caudal es cero. Cuando el caudal es máximo (salida a chorro libre), la presión de salida es cero. Entre ambos puntos se tendrá una serie de valores en los que, a medida que el caudal aumenta, disminuye la presión. Dichos valores pueden ser expresados en forma de gráfica, que se conoce como **curva de servicio QP**. Matemáticamente se podría calcular mediante una recta de regresión.

La curva de servicio sirve para predecir las diferentes condiciones de presión y caudal que pueden existir en la instalación.

Operativamente, los datos se pueden obtener mediante medida con un simple aparato compuesto por un par de llaves de paso y un manómetro tal como se muestra en la siguiente figura.

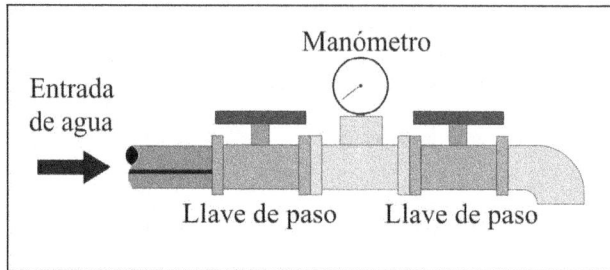

Figura 1.5. Aparato de medición presión/caudal

Este aparato se acoplará a la entrada de agua, y usando un recipiente aforado (ver capítulo 1, apartado *Caudal*) se procederá a tomar mediciones de caudal y presión.

Lo primero será cerrar la llave de salida y abrir la de entrada. En el manómetro se obtendrá una medida de presión sin que haya consumo de agua, que se corresponde con la presión estática, es decir, la presión existente en la red.

A continuación se abrirán a tope las dos llaves, de forma que el agua salga "a caño abierto". El manómetro se aproximará a cero. Se procederá a medir el caudal.

Por último, es conveniente medir un par de puntos intermedios. Para ello se cerrará la última llave hasta que la presión en el manómetro suba a un número concreto (por ejemplo 2,5 atm o 3 atm) y se medirá el caudal a esa presión. A continuación se presenta un ejemplo de medición realizada en un parque urbano:

	Presión medida	Caudal obtenido
Llave cerrada (Presión estática)	P = 6 atm	Q = 0 l/min
Llave abierta (Presión dinámica)	P = 0 atm	Q = 75 l/min
Llave semiabierta (Presión dinámica)	P = 2,5 atm	Q = 50 l/min
Llave semiabierta (Presión dinámica)	P = 3 atm	Q = 44,4 l/min

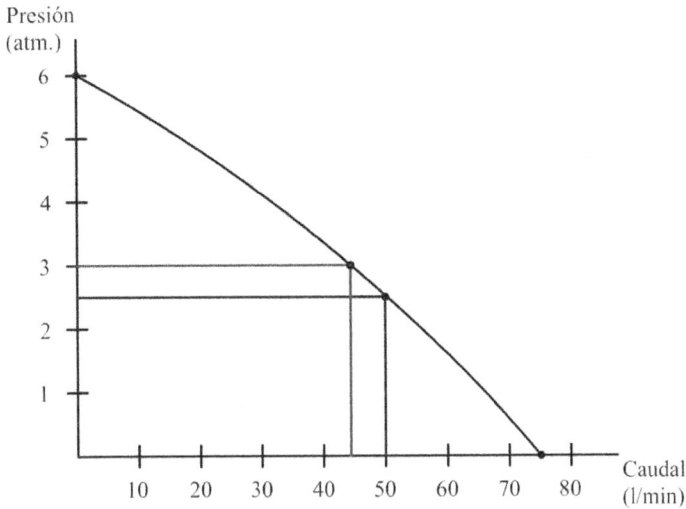

Figura 1.6. Curva de servicio

Con la curva de servicio se podrá pronosticar la relación entre presión y caudal en cualquier condición que se dé en la instalación. Es interesante conocer el caudal estimado a una presión determinada en un aspersor o en un difusor, pues ambos elementos tienen unos rangos de caudal y presión. Pero el principal cometido de la curva de servicio es definir la sectorización del sistema de riego.

Su utilización es teórica y en la práctica no se utiliza, aunque es interesante conocerla para comprender el funcionamiento hidráulico del agua dentro de las conducciones.

1.4 PÉRDIDAS DE PRESIÓN. PÉRDIDAS DE CARGA

La presión del agua varía dependiendo del punto de la instalación en la que se encuentre. Estas variaciones están provocadas por:

- **Cambios de cota o de nivel**: los desniveles producen incrementos y disminuciones en la presión del agua. Es muy frecuente encontrar desniveles en los jardines. Por cada metro que asciende por la pendiente la conducción, la presión del agua disminuye 0,1 atm (1 mca). Esto hace que las partes más altas del jardín suelan ser las más sensibles a la falta de presión.

  Así pues, si la entrada de agua se encuentra en la parte baja, habrá una disminución de la presión considerable al llevar el agua a las zonas altas, disminución a la que habrá que añadir la pérdida por rozamiento del agua.

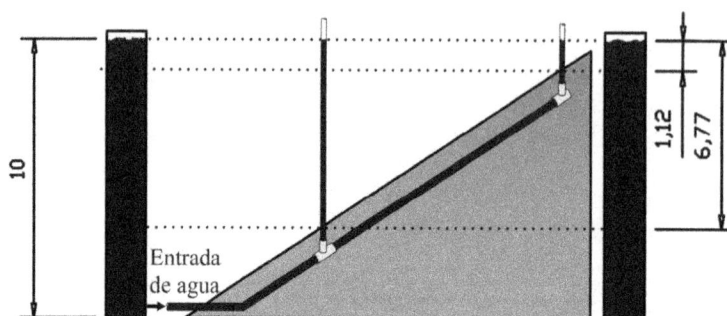

Figura 1.7. Representación gráfica de los cambios de presión en función de la altura en una pendiente

- **Rozamiento**: el agua, al estar en movimiento, tiene fricciones con las paredes interiores de las tuberías, con las piezas especiales, válvulas... e incluso entre las propias moléculas de agua. Estas fricciones producen una reducción de la presión del agua, lo que se conoce como **pérdida de carga**.

La pérdida de carga depende de la velocidad del agua, del diámetro de la tubería, del caudal que hay que transportar y del material constitutivo de la tubería (rugosidad).

- La **velocidad del agua** influye en la pérdida de carga debido al incremento del rozamiento con las paredes de la tubería. Experimentalmente se ha demostrado que el agua, y en general todo fluido en una conducción, puede comportarse de dos maneras:

  - **Régimen laminar**: el agua fluye por la conducción de manera ordenada, de forma que las moléculas de agua llevan trayectorias paralelas y el rozamiento es bajo.

  - **Régimen turbulento**: el agua fluye por la conducción de manera desordenada, las moléculas de agua llevan trayectorias erráticas, chocándose entre ellas y con las paredes de la conducción, provocando un rozamiento considerable. El agua alcanza el régimen turbulento con altas velocidades, cambios de dirección y en zonas de piezas especiales.

Cualquier molécula de agua en cualquier conducción siempre se mueve en régimen turbulento, pero hay que evitar que la velocidad pase de 1,5 m/s en tuberías plásticas, puesto que en ese régimen se alcanza un régimen turbulento drástico.

- **La rugosidad de la pared interior de la tubería** influye de manera decisiva en la pérdida de carga. Existen tuberías de diversos materiales con distinta rugosidad. A mayor rugosidad, mayor fricción y rozamiento. Además, con el tiempo, en el interior de las tuberías se van depositando impurezas e incrustaciones que aumentan el rozamiento (especialmente en tuberías metálicas).

- Una disminución del diámetro de la tubería produce un efecto embudo. Ante una reducción, el agua debe circular a mayor velocidad para que la tubería admita todo el caudal. Este incremento en la velocidad produce una reducción de la presión debido al rozamiento. Si la reducción se mantiene, la velocidad del agua es contrarrestada rápidamente por las fuerzas del rozamiento, ralentizándose el paso del agua y reduciéndose el caudal a uno inferior al inicial. La conclusión es que el caudal transportado será el máximo que pueda llevar la tubería de menor diámetro si la reducción se prolonga durante cierta longitud.

Desde que se crearon las primeras canalizaciones, las pérdidas de carga en conducciones han sido objeto de estudio por parte de investigadores con el fin de hallar una respuesta a su inmensa variabilidad. Ante la imposibilidad de encontrar una ecuación puramente física que recree las muy diversas circunstancias en las que se puede hallar una conducción, algunos científicos han estudiado condiciones concretas de forma empírica a fin de encontrar comportamientos estandarizados o al menos facilitar la tarea de la estimación de la pérdida de carga. Algunos de los investigadores más reconocidos son:

- **Manning**: estudió las pérdidas de carga en conducciones de fibrocemento.

- **Darcy-Weisbach**: elaboró una ecuación para el cálculo de la pérdida de carga en una conducción. De mayor complejidad, es más exacta que las fórmulas propuestas por otros investigadores.

- **Hazen-Williams**: enunciaron una fórmula para abastecimientos de agua.

- **Colebrook**: investigó las pérdidas de carga en conducciones de material plástico en régimen turbulento.

- **Sonier**: halló un método adecuado para tuberías de fundición en uso.

A fin de facilitar los cálculos, se utilizan ábacos logarítmicos para cada una de las fórmulas fruto de estas investigaciones, con las que se llega a una precisión suficiente para realizar los cálculos de diseño y dimensionamiento de redes de abastecimiento y distribución de agua.

En la actualidad los procedimientos de instalación para el riego en jardinería han derivado en la utilización de materiales plásticos tipo polietileno, con lo que se utilizarán los ábacos procedentes de los fabricantes de tuberías (ver anexo 1).

Todos los fenómenos de variaciones de presión dentro de una conducción se explican matemáticamente aplicando el **teorema de Bernoulli**. Dicho teorema, adaptado a la realidad, es una aplicación del principio de conservación de la energía aplicado a líquidos no perfectos. Es una ecuación en la que se relacionan e igualan las condiciones de una molécula de agua en dos puntos distintos de la conducción. Los términos que intervienen son:

- **Energía potencial**. Depende de la altura sobre el nivel del mar (z_a), siendo z_a la altura en metros.

- **Energía cinética**. Depende de la velocidad de las moléculas ($v_a^2/2g$), siendo v_a la velocidad en m/s (metros por segundo) y **g** la fuerza de gravedad (9,8 m/s^2).

- **Energía de presión** (p_a). Siendo p_a la presión en metros manométricos.

Por tanto, la energía que contiene una molécula de agua en un punto dado de una tubería es:

$$E_a = z_a + p_a + \frac{v_a^2}{2g}$$

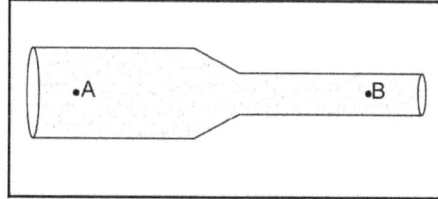

Figura 1.8. Representación de la energía de una partícula

Según el principio de conservación de la energía, la energía en un punto B debe ser la misma que en un punto A, excepto por la energía que se ha disipado en forma de calor debido al rozamiento. Así pues:

$$z_a + p_a + \frac{v_a^2}{2g} = z_b + p_b + \frac{v_b^2}{2g} + \eta_{a-b}$$

Siendo η_{a-b} las pérdidas de carga debidas al rozamiento con la tubería y con las propias moléculas de agua, expresadas en metros.

Analizando la ecuación y despreciando para la explicación el término η_{a-b} (pérdidas de carga), se observa que:

- A igualdad de diámetro de tubería y, por tanto, de velocidad:

$$z_a + p_a = z_b + p_b$$

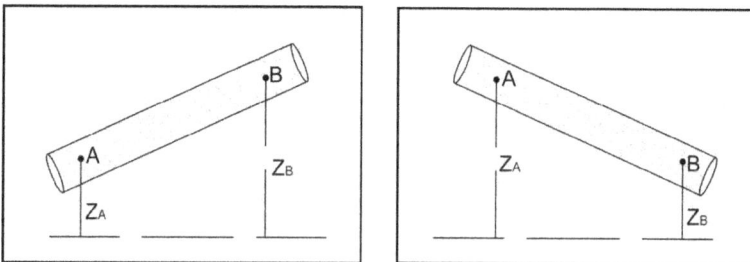

Figura 1.9. Representación de la variación de las energías de una partícula

De lo que se desprende que:

- Si la tubería incrementa su cota por su trazado, la presión de agua disminuye en la misma magnitud.

– Si la tubería disminuye su cota por su trazado, la presión de agua aumenta en la misma magnitud.

• A igualdad de cota en la tubería:

$$p_a + \frac{v_a^2}{2g} = p_b + \frac{v_b^2}{2g}$$

De lo que se desprende que:

– Si el diámetro de la tubería se reduce, la velocidad aumenta (según la ley de la continuidad de la hidráulica), por lo que el término "presión" disminuye.

Regla de oro
Contrariamente a lo que suele pensarse, una reducción de diámetro de la tubería no provoca un incremento de la presión, sino todo lo contrario.

• Si el diámetro de la tubería aumenta, la velocidad disminuye y por lo tanto el término "presión" aumenta.

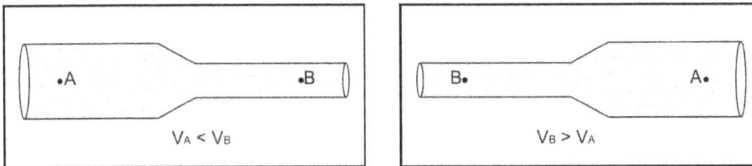

Figura 1.10. Representación de la variación de las energías de una partícula

El teorema de Bernoulli es una de las ecuaciones más importantes dentro de la hidráulica y su comprensión es fundamental para analizar cualquier situación que pueda acontecer en una instalación de agua.

1.5 POSIBLE CASUÍSTICA EN RELACIÓN CON LA PRESIÓN Y EL CAUDAL

Dependiendo de las condiciones de caudal y presión existentes, se puede dar la siguiente casuística:

• **La presión y el caudal son suficientes** para cubrir las necesidades de la red de riego:

Presiones y caudales suficientes son frecuentes en ciudades y en zonas con redes de abastecimiento relativamente modernas. Se puede realizar la instalación de riego conectándola a la acometida de agua procedente de la red.

- **La presión es insuficiente** para la red de riego:

    Es imprescindible para el correcto funcionamiento de la red que la presión sea al menos la mínima necesaria y muy beneficioso que sea la óptima de cara a evitar problemas por bajadas esporádicas de la presión. Para aumentar la presión hay que dotar al abastecimiento de un grupo de presión. La legislación vigente prohíbe la conexión directa de una bomba a la acometida de red, por lo que será necesaria la instalación de un depósito de compensación desde el que se impulse el agua.

- **El caudal es insuficiente**:

    Si el caudal instantáneo requiere una división en sectores de riego inviable económicamente, la alternativa es la instalación de un depósito acumulador de caudal que acopie agua en el transcurso del día y un pequeño grupo de presión que impulse el agua en la instalación de riego.

    La presión y el caudal son insuficientes para cubrir las necesidades de la red de riego:

    En el caso de que la presión y el caudal no sean suficientes, será necesaria la instalación de un depósito acumulador y un grupo de presión.

- **La presión es excesiva**:

    Para ajustar la presión a la adecuada para la red de riego se utilizan válvulas reductoras de presión. Es una situación infrecuente, posible solo en el caso de la existencia de grandes desniveles.

1.6 EL GOLPE DE ARIETE

El golpe de ariete es un fenómeno indeseable que puede ocurrir en las instalaciones de riego si se realizan operaciones de manejo inadecuadas.

El **golpe de ariete** es una sobrepresión que se produce en determinadas circunstancias en el interior de una conducción.

Las sobrepresiones se pueden producir por varias causas, pero en el caso de sistemas de riego los golpes de ariete se originan debido al cierre rápido de las válvulas.

Cuando el agua está en movimiento adquiere cierta inercia, mayor cuanto mayor es el caudal y la velocidad. Si se realiza en la válvula un corte brusco del flujo de agua, ésta avanza por la conducción durante un corto período de tiempo debido a la inercia, produciéndose una subpresión en la válvula. Tras este corto período de avance se produce el retroceso del agua empujada no solo por su propio peso, sino también por la subpresión producida. Como consecuencia de esto se produce una sobrepresión en forma de "golpe" que dependiendo de su intensidad puede llegar a causar daños en la instalación.

Es por ello que debe evitarse el cierre rápido de las válvulas. La mayoría de ellas tienen un cierre lento y gradual, aunque en el caso de las válvulas de corte (cierre manual) debe hacerse lentamente para ir reduciendo la velocidad y el caudal de forma escalonada y el golpe de ariete sea mínimo o inexistente.

1.7 UNIFORMIDAD DE RIEGO

En la actualidad los sistemas de riego de una gran parte de las zonas verdes y jardines son inadecuados y mal proyectados. Esto implica que los servicios de mantenimiento aumentan el tiempo y la frecuencia de los riegos con un gasto desmesurado de agua, en un intento por conseguir que algunas zonas se mantengan con un aspecto ornamental adecuado. La eficiencia hídrica de una zona verde pasa por optimizar la uniformidad de riego.

La uniformidad en un riego, como la propia palabra indica, es una aplicación de la dosis de riego similar en todo el terreno que hay que regar.

La uniformidad de riego se consigue tras un estudio minucioso del proyecto, teniendo en cuenta los factores climáticos, topográficos, geométricos, edafológicos, de orientación y de los elementos que se utilizarán en el sistema de riego (emisores, valvulería, y tuberías), así como la elaboración de un calendario de riego adecuado. El conocimiento de estos factores y su aplicación al proyecto de riego es lo que garantiza una adecuada uniformidad del riego y el máximo aprovechamiento del agua.

De forma práctica, una baja uniformidad de riego genera:

- Desequilibrio en el crecimiento vegetal y aparición de plantas adventicias con el consiguiente empeoramiento del aspecto ornamental; durante el período de nascencia y germinación en praderas aparecen zonas secas sin crecimiento. Estos problemas, además de repercutir en el valor estético y ornamental, condicionan económicamente el mantenimiento posterior al necesitar resemillados, reposición de marras, mayor número de siegas y podas y tratamientos para el control de la vegetación adventicia.

- Al aumentar el tiempo de riego para conseguir que las zonas con menor pluviometría tengan la dosis mínima de agua, se producen en las zonas con una buena cobertura de riego escorrentías (problemas de arrastre de tierras), encharcamientos y zonas con humedad excesiva que conllevan asfixias, pudriciones radiculares y la proliferación de enfermedades fúngicas.

- Derroche de agua que, además del incremento económico que produce por un consumo excesivo, tiene un gran impacto medioambiental sobre todo en países mediterráneos, donde las frecuentes sequías y los recursos hídricos escasos demandan una utilización racional del agua.

Una instalación de riego es un proyecto de ingeniería y no algo que, como en la actualidad, no se considera de gran importancia. Es por ello que se hace necesaria una legislación menos permisiva que exija unos conocimientos mínimos en materia hidráulica para garantizar instalaciones con una mejor eficiencia hídrica.

Capítulo 2

ELEMENTOS DEL SISTEMA DE RIEGO

2.1 ANTECEDENTES

Antes de entrar en profundidad en los diversos elementos que componen una instalación de riego se debe conocer la forma de medirlos.

Las medidas y dimensiones de los elementos del sistema de riego pueden estar en dos sistemas de unidades diferentes:

- **Sistema métrico decimal**: se utiliza para los diámetros de las tuberías, expresado en milímetros (mm).

- **Sistema anglosajón de unidades**: se utiliza para las roscas de todos los elementos del sistema de riego, expresado en pulgadas.

En la siguiente tabla se expresan las equivalencias[1] entre ambos sistemas:

Tuberías (mm)	Roscas (pulgadas)
20 mm	≈ ½"
25 mm	≈ ¾"
32 mm	≈ 1"
40 mm	≈ 1 ¼"
50 mm	≈ 1 ½"
63 mm	≈ 2"
75 mm	≈ 2 ½"
90 mm	≈ 3"
110 mm	≈ 4"

Las piezas que se acoplen a tuberías se expresan en milímetros.

Figura 2.1. Enlace metal de 25 mm

Las roscas se expresan en pulgadas.

Figura 2.2. A la izquierda, figura de un machón de metal de ¾"; a la derecha, figura de un codo metal MH ¾"

---

[1] Se trata de equivalencias, no de una relación directa.

En cuanto a las piezas mixtas que enlacen por un lado con tubería y al otro tengan una rosca se nombrarán con ambas medidas.

Figura 2.3. Codo de metal RM 40 mm – 1 ¼"

Expresar roscas en milímetros o tuberías en pulgadas es una nomenclatura incorrecta, que genera confusiones y errores.

2.2 EMISORES

Los emisores son los encargados de aplicar el agua al terreno. Se puede utilizar cualquier emisor en cualquier tipo de superficie, pero lo habitual es emplear aspersores y difusores para céspedes, praderas y tapizantes. Los sistemas de riego localizado (tubería portagoteros, microaspersores, microdifusores…) se utilizan normalmente para el riego de arbustos, macizos, parterres, tapizantes, setos, borduras, árboles…

2.2.1 Aspersores

Aparato emisor de funcionamiento hidráulico que mediante un chorro de agua pulverizada lleva a cabo un riego. El chorro gira por medio de un mecanismo hidráulico (accionado por el movimiento del agua).

Las características básicas que definen un aspersor son su alcance, elevación sobre el terreno durante el riego y el mecanismo de giro y presión.

La presión de funcionamiento varía mucho en función del tipo de aspersor y del alcance necesario, pero los más utilizados (emergentes de alcance bajo y medio) funcionan bien en un rango de presión entre **3 y 3,5 atm**.

Según estas características, se pueden distinguir los siguientes tipos de aspersores:

Por alcance	Radio de alcance	Rango de Presiones y Caudales	Aplicación principal
Bajo alcance	4–7 m	1,7–4,5 atm 0,12–1,04 m^3/h	Céspedes y praderas de reducido tamaño en los que no se puedan utilizar aspersores con mayor alcance.
Alcance medio	6–12 m	1,7–4,5 atm 0,25–2,19 m^3/h	Céspedes y praderas de tamaño medio. Es el aspersor más usual.
Alto alcance	12–18 m	3,5–6,9 atm 2,54–8,24 m^3/h	Céspedes y praderas de gran tamaño. Campos deportivos, golf, etc.
Cañón de riego	>25 m	3,5–8 atm 10–60 m^3/h	Campos deportivos.

Figura 2.4. A la izquierda, figura de aspersor de bajo alcance. A la derecha, de alcance medio

Figura 2.5. Aspersor de alto alcance a la izquierda y cañón de riego a la derecha

Forma de elevarse	Descripción	Aplicación
Emergentes	El aspersor se encuentra enterrado y emerge un vástago durante el riego.	Existen diferentes alturas de elevación. Además son estéticos y antivandálicos.
Fijos	El aspersor es aéreo, siempre a la vista en posición de riego.	En desuso. Sólo en zonas sin vandalismo.

Forma de giro	Descripción	Características
Aspersor Impacto	El aspersor gira por el impacto del chorro de agua en la parte móvil del aspersor (alabe).	La eficiencia del aspersor de impacto es menor, por lo que sólo está recomendado en zonas arenosas, ya que el de turbina tiene problemas de emergencia con la arena, y para aguas con un grado de filtración bajo.
Aspersor Turbina	El aspersor tiene un giro hidráulico interno mediante un juego de engranajes.	Tiene mayor eficiencia, es menos ruidoso, más duradero y tiene menos problemas por vandalismo. Baja sensibilidad a una mala regulación.

Figura 2.6. Aspersor emergente de turbina

Figura 2.7. En la figura de la izquierda, un aspersor fijo de impacto. A la derecha, un aspersor emergente de impacto

PARTES DE UN ASPERSOR

En los aspersores emergentes de turbina se pueden distinguir las siguientes partes:

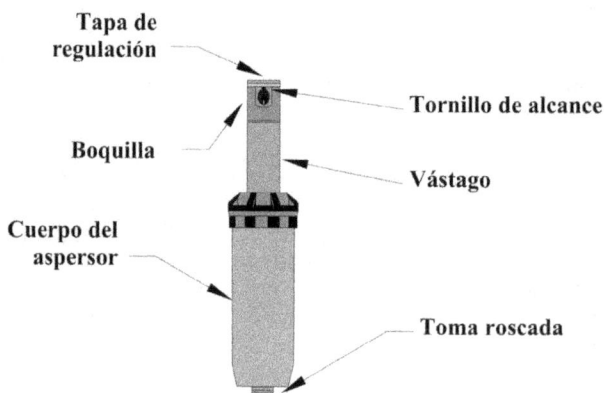

Figura 2.8. Partes de un aspersor

- **Cuerpo del aspersor**: es la carcasa del aspersor. Protege los mecanismos del mismo. El cuerpo suele ser de material plástico.

- **Vástago**: la función del vástago es emerger sobre el cuerpo del aspersor cada vez que se inicie un riego, volviendo a su posición inicial al terminar. Su elevación se produce mediante el empuje de la presión de agua, manteniéndose el resto del tiempo dentro del cuerpo del aspersor gracias a un potente muelle.

  En su interior se encuentra el mecanismo de giro del aspersor. Solo la parte superior del vástago es móvil y es en ella donde se encuentra la tapa de regulación. La altura del vástago determina la altura de emergencia del aspersor y varía según los modelos de aspersor.

  La altura más común para los aspersores es de 4", aproximadamente 10 cm. Es el común para las zonas de céspedes y praderas. Otras alturas menos utilizadas son 6" (15 cm) y 12" (30 cm), que se instalan en aquellos casos de necesidad de emergencia mayor por la altura de las plantaciones que hay que regar. Los vástagos suelen ser del mismo material que el cuerpo del aspersor, existiendo la posibilidad de que sean metálicos para darles una mayor resistencia en zonas propensas al vandalismo.

- **Tapa de regulación**: la tapa de regulación es la única parte visible cuando el aspersor no está regando. En ella se encuentran todos los elementos de ajuste del aspersor, tanto en el ángulo de riego (abertura) como en el alcance. Según el modelo y el fabricante la regulación del aspersor es diferente, existiendo modelos con funciones extras como puede ser el corte de caudal o disposiciones diferentes para realizar riegos de 360°.

Figura 2.9. Tapa de regulación

- **Tornillo de alcance**: se encuentra en la tapa de regulación. Su función es sujetar la boquilla durante el riego y "romper" el chorro de agua. Subiendo o bajando el tornillo se consigue romper más o menos el chorro variando el alcance y distribuyendo de forma más uniforme el agua en todo su alcance.

  No se recomienda subir totalmente el tornillo para obtener el máximo alcance, debido a que el chorro no se rompe y el riego es inexistente en las proximidades de la base del aspersor, disminuyendo la uniformidad. Tampoco se debe bajar el tornillo a tope, pues se pierde totalmente el alcance. No se recomienda reducir el alcance más de un 25% con respecto al alcance máximo de la boquilla (produce mucha salpicadura). Para un menor alcance se recurre al cambio de boquilla.

- **Boquilla**: componente por el que sale el chorro de agua durante el riego. Cada modelo de aspersor dispone de un juego de boquillas intercambiable. Según la boquilla, variarán los alcances y consumos del aspersor.

  En un juego de boquillas clásicas, lo ideal es seleccionar un número de boquilla con un caudal proporcional al ángulo de riego que tiene (los consumos nunca serán exactos, pero sí aproximados).

  Cada fabricante proporciona sus propias tablas de alcances y consumos para los juegos de boquillas de sus aspersores. A esos alcances habrá que aplicarles un factor reductor en concepto de eficiencia, pues los alcances suelen ser aproximadamente un 20-30% menores de lo indicado por el fabricante.

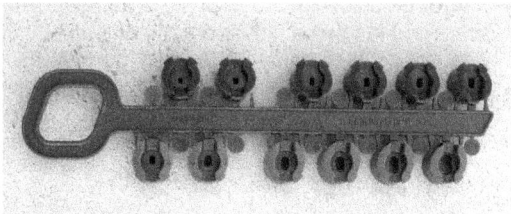

Figura 2.10. Juego de boquillas de aspersor

Algunos fabricantes han desarrollado juegos de boquillas de alta uniformidad de riego, que varían la pluviometría en función del ángulo de riego. De esta forma se pueden combinar en el mismo sector aspersores con ángulos diferentes sin que disminuya la uniformidad. Por ejemplo, con estas boquillas un aspersor regulado a 90° arroja cuatro veces menos agua que uno regulado a 360°.

- **Filtro**: el filtro se encuentra situado en la parte inferior del aspersor; su función es impedir que sólidos en suspensión obstruyan la boquilla y obturen los mecanismos de giro. Para su extracción basta con desenroscar el vástago del cuerpo del aspersor.

- **Toma roscada**: los aspersores tienen habitualmente una toma roscada hembra, siendo frecuentemente de ½" para los de bajo alcance y de ¾" para los de medio alcance (los modelos de mayor alcance pueden tener roscas más grandes e incluso conexión mediante brida). Mediante esta conexión roscada se conecta con la tubería de alimentación por la que el aspersor recibe el agua. La toma roscada puede sobresalir del cuerpo del aspersor o bien ser interna.

- **Válvula antidrenaje**: esta pieza opcional evita la escorrentía en zonas bajas por descarga de agua de la tubería cuando no hay presión de funcionamiento. La válvula antidrenaje se sitúa en la base del aspersor sustituyendo el filtro normal por otro con una junta de goma que proporciona estanqueidad hasta una determinada presión.

AJUSTES DEL ASPERSOR

Se realizan desde la tapa de regulación y varían dependiendo del fabricante. Los ajustes son:

- **Alcance del chorro** de agua (sobre la boquilla).

- **Ángulo de giro** del aspersor (existen modelos de giro completo, modelos de giro parcial y modelos con ambas opciones).

- **Corte de caudal** (opcional). Facilita la regulación del aspersor cortando la salida de agua durante el proceso, evitando así salpicaduras.

- **Alcance de riego**. La selección de la boquilla se realiza en función del alcance necesario. Para ello, los fabricantes aportan tablas orientativas con los datos de alcance en función de la presión de trabajo del aspersor. En las siguientes tablas se pueden observar los datos necesarios para la selección de boquillas:

Boquillas Aspersor PGP® Hunter®

Tobera	Presión Bar	kPa	Radio m	Caudal m³/h	l/min	Pluv. mm/h ■	▲
1	2,0	200	8,5	0,11	1,8	3	3
	2,5	250	8,5	0,13	2,1	4	4
	3,0	300	8,8	0,15	2,4	4	4
	3,5	350	8,8	0,16	2,7	4	5
	4,0	400	9,1	0,18	2,9	4	5
	4,5	450	9,1	0,19	3,2	5	5
2	2,0	200	8,8	0,16	2,6	4	5
	2,5	250	8,8	0,17	2,9	4	5
	3,0	300	9,1	0,19	3,2	5	5
	3,5	350	9,1	0,21	3,5	5	6
	4,0	400	9,4	0,22	3,7	5	6
	4,5	450	9,4	0,23	3,9	5	6
3	2,0	200	9,1	0,20	3,3	5	5
	2,5	250	9,1	0,22	3,7	5	6
	3,0	300	9,4	0,25	4,1	6	6
	3,5	350	9,4	0,27	4,5	6	7
	4,0	400	9,8	0,29	4,8	6	7
	4,5	450	9,8	0,31	5,1	6	7
4	2,0	200	9,8	0,27	4,4	6	6
	2,5	250	9,8	0,30	5,0	6	7
	3,0	300	10,1	0,34	5,6	7	8
	3,5	350	10,1	0,37	6,2	7	8
	4,0	400	10,4	0,40	6,6	7	9
	4,5	450	10,4	0,43	7,1	8	9
5	2,0	200	10,4	0,36	5,9	7	8
	2,5	250	10,4	0,39	6,5	7	8
	3,0	300	11,0	0,43	7,2	7	8
	3,5	350	11,6	0,46	7,7	7	8
	4,0	400	11,6	0,49	8,1	7	8
	4,5	450	11,6	0,51	8,6	8	9
6	2,0	200	10,4	0,45	7,5	8	10
	2,5	250	10,7	0,51	8,5	9	10
	3,0	300	11,0	0,57	9,4	9	11
	3,5	350	11,6	0,61	10,2	9	11
	4,0	400	11,6	0,66	10,9	10	11
	4,5	450	11,9	0,70	11,6	10	11
7	2,0	200	10,4	0,58	9,7	11	12
	2,5	250	11,0	0,65	10,8	11	12
	3,0	300	11,6	0,72	12,0	11	12
	3,5	350	12,2	0,78	12,9	10	12
	4,0	400	12,2	0,83	13,8	11	13
	4,5	450	12,2	0,88	14,6	12	14
8	2,0	200	11,3	0,71	11,8	11	13
	2,5	250	11,6	0,79	13,2	12	14
	3,0	300	11,9	0,87	14,5	12	14
	3,5	350	12,5	0,94	15,6	12	14
	4,0	400	12,5	1,00	16,6	13	15
	4,5	450	12,8	1,05	17,6	13	15
9	2,0	200	11,6	0,80	13,4	12	14
	2,5	250	11,6	0,92	15,4	14	16
	3,0	300	12,5	1,05	17,5	13	16
	3,5	350	13,4	1,15	19,2	13	15
	4,0	400	13,4	1,25	20,9	14	16
	4,5	450	13,7	1,35	22,4	14	17
10	2,0	200	12,8	1,29	21,4	16	18
	2,5	250	13,4	1,44	24,0	16	18
	3,0	300	14,0	1,56	26,1	16	18
	3,5	350	14,3	1,68	28,0	16	19
	4,0	400	14,3	1,79	29,9	17	20
	4,5	450	14,6	1,90	31,7	18	21
11	2,0	200	13,7	1,73	28,7	18	21
	2,5	250	14,0	1,90	31,7	19	22
	3,0	300	14,6	2,05	34,1	19	22
	3,5	350	14,9	2,18	36,3	20	23
	4,0	400	15,2	2,30	38,4	20	23
	4,5	450	15,5	2,42	40,4	20	23
12	2,0	200	13,4	2,26	37,7	25	29
	2,5	250	14,3	2,51	41,8	24	28
	3,0	300	14,6	2,70	45,0	25	29
	3,5	350	14,9	2,88	48,1	26	30
	4,0	400	15,2	3,06	50,9	26	30
	4,5	450	15,8	3,22	53,7	26	30

Boquillas Aspersor I-25® Hunter®

Tobera	Presión Bar	kPa	Radio m	Caudal m³/h	l/min	Pluv. mm/h ■	▲
4 Amarillo	2,5	250	11,9	0,82	13,6	12	13
	3,0	300	12,2	0,91	15,2	12	14
	3,5	350	12,5	0,98	16,4	13	15
	4,0	400	12,5	1,05	17,5	13	16
	4,5	450	12,8	1,11	18,6	14	16
	5,0	500	13,1	1,18	19,6	14	16
5 Blanco	2,5	250	12,8	0,95	15,9	12	13
	3,0	300	13,1	1,04	17,3	12	14
	3,5	350	13,4	1,11	18,5	12	14
	4,0	400	13,4	1,17	19,6	13	15
	4,5	450	13,7	1,24	20,6	13	15
	5,0	500	14,0	1,29	21,5	13	15
7 Naranja*	2,5	250	13,4	1,44	24,0	16	19
	3,0	300	14,0	1,54	25,6	16	18
	3,5	350	14,3	1,61	26,9	16	18
	4,0	400	14,3	1,68	28,0	16	19
	4,5	450	14,6	1,75	29,1	16	19
	5,0	500	14,9	1,81	30,1	16	19
8 Marrón claro	2,5	250	14,0	1,65	27,5	17	19
	3,0	300	14,3	1,81	30,1	18	20
	3,5	350	14,9	1,94	32,3	17	20
	4,0	400	15,2	2,05	34,2	18	20
	4,5	450	15,2	2,16	36,0	19	22
	5,0	500	15,5	2,27	37,8	19	22
10 Verde claro*	3,0	300	15,2	2,15	35,8	18	21
	3,5	350	15,5	2,32	38,6	19	22
	4,0	400	15,8	2,48	41,3	20	23
	4,5	450	16,2	2,63	43,9	20	23
	5,0	500	16,2	2,78	46,3	21	25
	5,5	550	16,5	2,94	48,9	22	25
13 Azul claro	3,0	300	15,8	2,38	39,6	19	22
	3,5	350	16,2	2,57	42,8	20	23
	4,0	400	16,5	2,75	45,7	20	23
	4,5	450	16,5	2,91	48,5	21	25
	5,0	500	16,8	3,07	51,2	22	25
	5,5	550	16,8	3,24	54,0	23	27
15 Gris*	3,0	300	16,8	2,86	47,7	20	24
	3,5	350	17,1	3,05	50,8	21	24
	4,0	400	17,4	3,22	53,7	21	25
	4,5	450	17,4	3,38	56,3	22	26
	5,0	500	17,4	3,53	58,8	23	27
	5,5	550	17,7	3,69	61,5	24	27
18 Rojo	3,0	300	17,4	3,08	51,4	20	24
	3,5	350	17,7	3,31	55,2	21	24
	4,0	400	18,0	3,52	58,7	22	25
	4,5	450	18,3	3,72	62,0	22	26
	5,0	500	18,9	3,91	65,2	22	25
	5,5	550	19,2	4,11	68,5	22	26
20 Marrón osc.*	4,0	400	18,6	3,97	66,2	23	27
	4,5	450	18,9	4,20	70,1	24	27
	5,0	500	19,2	4,42	73,7	24	28
	5,5	550	19,5	4,66	77,7	25	28
	6,0	600	19,8	4,86	81,0	25	29
	6,5	650	20,1	5,05	84,2	25	29
23 Verde osc,	4,0	400	19,2	4,88	81,3	26	31
	4,5	450	19,5	5,18	86,3	27	31
	5,0	500	19,8	5,47	91,1	28	32
	5,5	550	20,1	5,78	96,3	29	33
	6,0	600	20,1	6,04	100,6	30	34
	6,5	650	20,4	6,29	104,8	30	35
25 Azul osc.*	4,0	400	19,8	5,23	87,1	27	31
	4,5	450	20,1	5,58	93,1	28	32
	5,0	500	20,4	5,92	98,7	28	33
	5,5	550	21,0	6,29	104,9	28	33
	6,0	600	21,0	6,60	110,0	30	34
	6,5	650	21,3	6,90	115,1	30	35
28 Negro	4,5	450	20,1	5,93	98,8	29	34
	5,0	500	20,7	6,21	103,5	29	33
	5,5	550	21,3	6,52	108,6	29	33
	6,0	600	21,3	6,77	112,8	30	34
	6,5	650	21,6	7,01	116,9	30	35
	7,0	700	21,6	7,24	120,7	31	36

Figura 2.11. Tablas de selección de boquillas para aspersores

La mayoría de los modelos necesitan una herramienta específica para poder regular el aspersor, regulación que varía según el fabricante. La regulación en alcance es similar en casi todos los aspersores. Se realiza actuando sobre el tornillo que sujeta la boquilla, no siendo recomendable dejar la distancia máxima (el tornillo no "rompe" el chorro) ni que se reduzca más de un 25% del alcance óptimo. En caso de necesitar un alcance mayor o menor de ese 25% de disminución hay que cambiar la boquilla por otra más adecuada.

- **Ángulo o abertura de riego**: es una regulación que hay que realizar en el terreno; en la mayoría de los modelos de aspersor existentes en el mercado el ajuste del ángulo de riego se realiza de forma similar. Uno de los lados es fijo (no se puede variar), creciendo el ángulo hacia el otro lado que es móvil. Para posicionar el lado fijo, se regula de forma manual ajustándolo con el borde de riego. Una vez realizada esa operación y mediante el tornillo de regulación se incrementa o disminuye el ángulo.

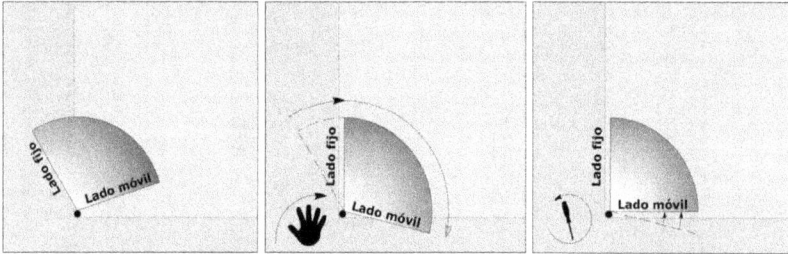

Figura 2.12. Ajuste del ángulo de riego

Dependiendo del fabricante, la regulación del ángulo de riego varía. A continuación se exponen las formas de regulación para los modelos de aspersor más comunes:

- La regulación del ángulo de riego en estos aspersores se realiza actuando con la llave sobre la ranura indicada en la figura. En este caso el lado fijo (lado desde el que crece el ángulo) es el derecho. Cada giro completo de la llave añade 90° al giro del aspersor.

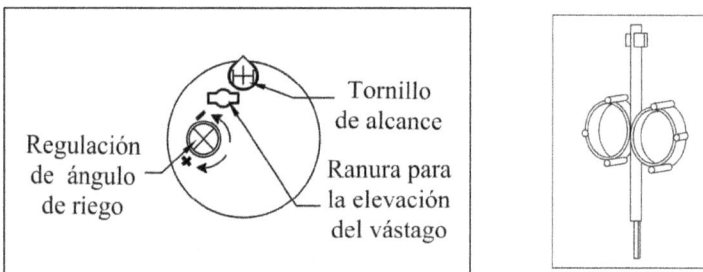

Figura 2.13. Procedimiento de regulación del ángulo de riego

- La regulación del ángulo se realiza actuando con un destornillador de punta plana sobre la ranura. En este caso el lado fijo es el izquierdo. Cada giro completo del destornillador añade 90° al giro del aspersor.

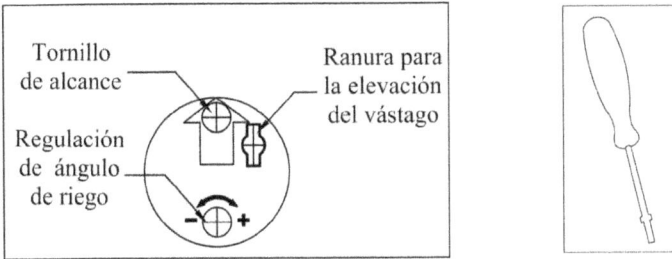

Figura 2.14. Procedimiento de regulación del ángulo de riego

- Este modelo, por el contrario, tiene una regulación más visual. El lado fijo es el derecho y la regulación del ángulo se realiza girando la flecha central con un destornillador de punta plana. Además, dispone de un dispositivo de cierre de caudal que permite impedir la salida del agua durante la regulación, facilitando la operación.

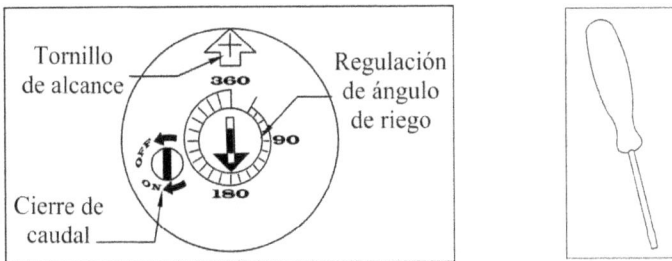

Figura 2.15. Procedimiento de regulación del ángulo de riego

2.2.2 Difusores

Aparato emisor de riego que aporta el agua al terreno en forma de abanico de agua sin movimiento. Es el sistema de aporte más uniforme y parecido a la lluvia (considerado de forma individual). Al contrario que los aspersores, que giran para regar con su chorro, el difusor es fijo y su abanico de agua moja toda la superficie de riego. La presión de funcionamiento de los difusores está en un rango entre **2 y 3.5 atm**.

Figura 2.16. De izquierda a derecha, difusor emergente 2" (5 cm), difusor emergente 4" (10 cm) y difusor emergente 6" (15 cm)

PARTES DE UN DIFUSOR

Las partes fundamentales de cualquier difusor son:

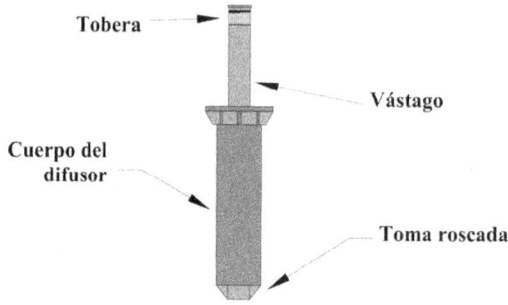

Tobera

Vástago

Cuerpo del
difusor

Toma roscada

Figura 2.17. Partes de un difusor

- **Cuerpo de difusor**: es la carcasa protectora de todo el mecanismo. Suele estar fabricada en un material plástico resistente.

- **Toma roscada**: los difusores tienen tomas roscadas hembra, normalmente de ½". La toma roscada puede sobresalir del cuerpo del difusor o bien ser interna. Mediante esta conexión roscada se conecta con la tubería de alimentación por la que el difusor recibe el agua.

- **Vástago**: la función del vástago es emerger sobre el cuerpo del difusor cada vez que se inicie un riego, volviendo a su posición inicial al terminar. Su elevación se produce por la presión del agua, manteniéndose el resto del tiempo dentro del cuerpo del difusor gracias a un resorte. La altura del vástago determina la emergencia del suelo del difusor y varía según los modelos de difusor. Se elegirá la altura de emergencia dependiendo de la plantación que vaya a regar, teniendo en cuenta que el abanico debe salir libre, sin chocar contra la vegetación.

  La parte superior del vástago es una rosca (normalmente macho) de ½" en la que se sitúa la tobera.

Altura del vástago		Características
2"	≈ 5 cm	Desaconsejado por ser demasiado bajo. Sólo en casos de profundidad de suelo mínima, o existencia de obra civil que dificulte la instalación de otros más largos.
3"	≈ 7,5 cm	Mínima altura de elevación aconsejada.
4"	≈ 10 cm	Aconsejable para zonas de césped y praderas. Es la altura más habitual.
6"	≈ 15 cm	Zonas de arbustos.
12"	≈ 30 cm	Zonas de arbustos.

Figura 2.18. A la izquierda, un difusor de 5 cm, demasiado bajo. A la derecha, difusor de 10 cm

- **Tobera**: es la parte fundamental y más importante del difusor, pues es la que realiza la proyección del abanico de agua. Es intercambiable en el difusor, pudiendo sustituirse por otra tobera de diferente alcance, diferente ángulo de riego, o incluso diferente forma de proyección del abanico de agua. Es la única parte expuesta cuando el difusor no está en funcionamiento.

La regulación del alcance del agua se realiza desde la parte superior de la tobera mediante un tornillo regulador; si bien éste no debe ser reducido más de un 25% (en caso de ser necesario reducir más el alcance se debe cambiar la tobera). El alcance de las toberas suele expresarse en pies, y la mayoría de fabricantes utilizan códigos de colores para distinguirlas una vez instaladas. Sin embargo, los alcances están obtenidos en unas condiciones de laboratorio y en ausencia de viento, por lo que se debe reducir aproximadamente un 25-30% los datos facilitados por el fabricante.

En la siguiente tabla se exponen los alcances de tobera más utilizados, así como su equivalencia de distancia de riego para su aplicación en instalaciones:

Alcance de la tobera	
8 pies	≈ 2 m
10 pies	≈ 2,5 m
12 pies	≈ 3 m
15 pies	≈ 3,5 m
17 pies	≈ 4 m

La selección de la tobera se realiza en función del alcance necesario. Para ello, los fabricantes aportan tablas orientativas con los datos de alcance en función de la presión de trabajo del difusor.

En las siguientes tablas se pueden ver los alcances de algunas toberas de ángulo regulable en función de la presión a la que trabaja el difusor y el ángulo que forma el abanico de agua. Estas toberas son empleadas ampliamente tanto en jardinería pública como privada. Como se puede observar, el ángulo de salida del agua desde la tobera se incrementa según se utilizan modelos con mayor alcance.

Serie 8-A®: Ángulo 0°

Arco	Presión Bar	kPa	Radio m	Caudal m³/h	l/min	Pluv. mm/h ■	▲
45°	1,0	100	1,7	0,02	0,37	62	72
	1,5	150	2,1	0,03	0,47	51	59
	2,0	200	2,4	0,03	0,55	46	53
	2,1	210	2,7	0,03	0,56	37	43
	2,5	250	2,8	0,04	0,62	38	44
90°	1,0	100	1,7	0,04	0,75	62	72
	1,5	150	2,1	0,06	0,93	51	59
	2,0	200	2,4	0,07	1,09	46	53
	2,1	210	2,7	0,07	1,12	37	43
	2,5	250	2,8	0,07	1,24	38	44
120°	1,0	100	1,7	0,06	1,00	62	72
	1,5	150	2,1	0,07	1,24	51	59
	2,0	200	2,4	0,09	1,46	46	53
	2,1	210	2,7	0,09	1,50	37	43
	2,5	250	2,8	0,10	1,65	38	44
180°	1,0	100	1,7	0,09	1,49	62	72
	1,5	150	2,1	0,11	1,87	51	59
	2,0	200	2,4	0,13	2,19	46	53
	2,1	210	2,7	0,13	2,25	37	43
	2,5	250	2,8	0,15	2,47	38	44
240°	1,0	100	1,7	0,12	1,99	62	72
	1,5	150	2,1	0,15	2,49	51	59
	2,0	200	2,4	0,17	2,92	46	53
	2,1	210	2,7	0,18	2,99	37	43
	2,5	250	2,8	0,20	3,30	38	44
270°	1,0	100	1,7	0,13	2,24	62	72
	1,5	150	2,1	0,17	2,80	51	59
	2,0	200	2,4	0,20	3,28	46	53
	2,1	210	2,7	0,20	3,37	37	43
	2,5	250	2,8	0,22	3,71	38	44
360°	1,0	100	1,7	0,18	2,99	62	72
	1,5	150	2,1	0,22	3,73	51	59
	2,0	200	2,4	0,26	4,37	46	53
	2,1	210	2,7	0,27	4,49	37	43
	2,5	250	2,8	0,30	4,94	38	44

Courtesy of Hunter Industries

Serie 10-A®: Ángulo 15°

Arco	Presión Bar	kPa	Radio m	Caudal m³/h	l/min	Pluv. mm/h ■	▲
45°	1,0	100	2,1	0,04	0,63	68	79
	1,5	150	2,4	0,05	0,79	66	76
	2,0	200	3,0	0,06	0,92	49	57
	2,1	210	3,3	0,06	0,95	42	48
	2,5	250	3,5	0,06	1,04	41	47
90°	1,0	100	2,1	0,08	1,26	68	79
	1,5	150	2,4	0,09	1,57	66	76
	2,0	200	3,0	0,11	1,84	49	57
	2,1	210	3,3	0,11	1,89	42	48
	2,5	250	3,5	0,12	2,08	41	47
120°	1,0	100	2,1	0,10	1,68	68	79
	1,5	150	2,4	0,13	2,10	66	76
	2,0	200	3,0	0,15	2,46	49	57
	2,1	210	3,3	0,15	2,52	42	48
	2,5	250	3,5	0,17	2,78	41	47
180°	1,0	100	2,1	0,15	2,52	68	79
	1,5	150	2,4	0,19	3,14	66	76
	2,0	200	3,0	0,22	3,68	49	57
	2,1	210	3,3	0,23	3,78	42	48
	2,5	250	3,5	0,25	4,16	41	47
240°	1,0	100	2,1	0,20	3,35	68	79
	1,5	150	2,4	0,25	4,19	66	76
	2,0	200	3,0	0,29	4,91	49	57
	2,1	210	3,3	0,30	5,04	42	48
	2,5	250	3,5	0,33	5,55	41	47
270°	1,0	100	2,1	0,23	3,77	68	79
	1,5	150	2,4	0,28	4,72	66	76
	2,0	200	3,0	0,33	5,52	49	57
	2,1	210	3,3	0,34	5,68	42	48
	2,5	250	3,5	0,37	6,25	41	47
360°	1,0	100	2,1	0,30	5,03	68	79
	1,5	150	2,4	0,38	6,29	66	76
	2,0	200	3,0	0,44	7,37	49	57
	2,1	210	3,3	0,45	7,57	42	48
	2,5	250	3,5	0,50	8,33	41	47

Courtesy of Hunter Industries

Figura 2.19. Tablas de selección de toberas 8A y 10A

Serie 12-A®: Ángulo 28°

Arco	Presión Bar	kPa	Radio m	Caudal m³/h	l/min	Pluv. mm/h ■	▲
45° ▶	1,0	100	2,7	0,05	0,81	53	61
	1,5	150	3,2	0,06	1,01	47	55
	2,0	200	3,7	0,07	1,18	42	48
	2,1	**210**	**4,0**	**0,07**	**1,22**	**36**	**42**
	2,5	250	4,2	0,08	1,34	36	42
90° ◣	1,0	100	2,7	0,10	1,62	53	61
	1,5	150	3,2	0,12	2,02	47	55
	2,0	200	3,7	0,14	2,37	42	48
	2,1	**210**	**4,0**	**0,15**	**2,43**	**36**	**42**
	2,5	250	4,2	0,16	2,68	36	42
120° ◥	1,0	100	2,7	0,13	2,16	53	61
	1,5	150	3,2	0,16	2,70	47	55
	2,0	200	3,7	0,19	3,16	42	48
	2,1	**210**	**4,0**	**0,19**	**3,24**	**36**	**42**
	2,5	250	4,2	0,21	3,57	36	42
180° ◗	1,0	100	2,7	0,19	3,23	53	61
	1,5	150	3,2	0,24	4,04	47	55
	2,0	200	3,7	0,28	4,74	42	48
	2,1	**210**	**4,0**	**0,29**	**4,86**	**36**	**42**
	2,5	250	4,2	0,32	5,35	36	42
240° ◖	1,0	100	2,7	0,26	4,31	53	61
	1,5	150	3,2	0,32	5,39	47	55
	2,0	200	3,7	0,38	6,31	42	48
	2,1	**210**	**4,0**	**0,39**	**6,49**	**36**	**42**
	2,5	250	4,2	0,43	7,14	36	42
270° ◕	1,0	100	2,7	0,29	4,85	53	61
	1,5	150	3,2	0,36	6,06	47	55
	2,0	200	3,7	0,43	7,10	42	48
	2,1	**210**	**4,0**	**0,44**	**7,30**	**36**	**42**
	2,5	250	4,2	0,48	8,03	36	42
360° ●	1,0	100	2,7	0,39	6,47	53	61
	1,5	150	3,2	0,49	8,09	47	55
	2,0	200	3,7	0,57	9,47	42	48
	2,1	**210**	**4,0**	**0,58**	**9,73**	**36**	**42**
	2,5	250	4,2	0,64	10,71	36	42

Serie 15-A®: Ángulo 28°

Arco	Presión Bar	kPa	Radio m	Caudal m³/h	l/min	Pluv. mm/h ■	▲
45° ▶	1,0	100	3,4	0,07	1,19	50	57
	1,5	150	3,9	0,09	1,49	47	54
	2,0	200	4,6	0,10	1,75	40	46
	2,1	**210**	**4,9**	**0,11**	**1,80**	**36**	**41**
	2,5	250	5,2	0,12	1,98	35	40
90° ◣	1,0	100	3,4	0,14	2,39	50	57
	1,5	150	3,9	0,18	2,89	47	54
	2,0	200	4,6	0,21	3,50	40	46
	2,1	**210**	**4,9**	**0,22**	**3,59**	**36**	**41**
	2,5	250	5,2	0,24	3,95	35	40
120° ◥	1,0	100	3,4	0,19	3,18	50	57
	1,5	150	3,9	0,24	3,98	47	54
	2,0	200	4,6	0,28	4,66	40	46
	2,1	**210**	**4,9**	**0,29**	**4,79**	**36**	**41**
	2,5	250	5,2	0,32	5,27	35	40
180° ◗	1,0	100	3,4	0,29	4,77	50	57
	1,5	150	3,9	0,36	5,97	47	54
	2,0	200	4,6	0,42	6,99	40	46
	2,1	**210**	**4,9**	**0,43**	**7,18**	**36**	**41**
	2,5	250	5,2	0,47	7,90	35	40
240° ◖	1,0	100	3,4	0,38	6,37	50	57
	1,5	150	3,9	0,48	7,96	47	54
	2,0	200	4,6	0,56	9,32	40	46
	2,1	**210**	**4,9**	**0,57**	**9,57**	**36**	**41**
	2,5	250	5,2	0,63	10,54	35	40
270° ◕	1,0	100	3,4	0,43	7,16	50	57
	1,5	150	3,9	0,54	8,95	47	54
	2,0	200	4,6	0,63	10,49	40	46
	2,1	**210**	**4,9**	**0,65**	**10,77**	**36**	**41**
	2,5	250	5,2	0,71	11,86	35	40
360° ●	1,0	100	3,4	0,57	9,55	50	57
	1,5	150	3,9	0,72	11,94	47	54
	2,0	200	4,6	0,84	13,98	40	46
	2,1	**210**	**4,9**	**0,86**	**14,36**	**36**	**41**
	2,5	250	5,2	0,95	15,81	35	40

Courtesy of Hunter Industries

Figura 2.20. Tablas de selección de toberas 12A y 15A

Existen todo tipo de modelos de tobera en función del ángulo, alcance y forma del abanico:

– Toberas de ángulo regulable: son toberas cuyo ángulo de riego es graduable. Su funcionamiento es notable y tienen la ventaja de adaptarse mejor a la realidad. La regulación del ángulo se realiza girando la parte móvil de la tobera, de forma que se puede observar como aumenta o disminuye la apertura por la que sale el abanico de agua. Normalmente las toberas llevan una marca que indica el lado fijo de la abertura para facilitar la tarea de la regulación, así como un código de colores para simplificar la identificación de su alcance.

Figura 2.21. Toberas de ángulo regulable

- *Toberas de ángulo fijo*: son toberas no regulables en el ángulo de su abanico. Su funcionamiento es óptimo, pero son poco versátiles. Existen para los ángulos estándar 90° (Q), 180° (H), 270° (TQ) y 360° (F). Se utilizan en lugares con regulación repetitiva, como medianas, franjas de césped...

Figura 2.22. Toberas de ángulo fijo

- *Toberas de doble apertura*: son toberas con doble salida de agua, una para el abanico normal y otra para regar en la zona cercana al difusor y conseguir así una mejor cobertura. Se emplean en zonas en las que es complicado conseguir un buen solapamiento entre emisores.

- *Toberas de riego rectangular*: son toberas con varias salidas de agua que en conjunto consiguen riegos de planta rectangular. Se utilizan en zonas estrechas tipo pasillo en las que serían necesarios muchos difusores con toberas normales para realizar un riego uniforme.

Figura 2.23. Riego de zona estrecha

El alcance de estas toberas es de aproximadamente 3 m por 1,2 ó 1,5 m (según fabricantes y presión de funcionamiento) desde el centro. Debido al tipo rectangular de riego son necesarios varios tipos de tobera, según su colocación central, extrema o de esquina.

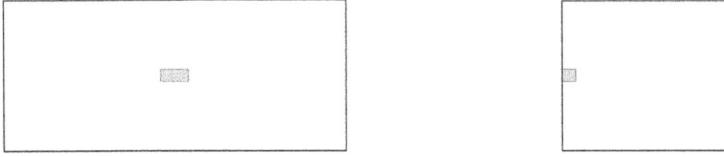

Figura 2.24. Representación del marco de riego de la tobera central CS (a la izquierda) y la tobera extrema ES (a la derecha)

Figura 2.25. Representación del marco de riego de la tobera lateral SS (a la izquierda) y la tobera esquina LCS (a la derecha)

‐ *Inundadores*: son toberas con abanicos muy cortos para dar riegos por inundación de forma localizada. Se utilizan en el riego de arbustos, árboles y flor de temporada, aunque su utilización no está muy extendida debido al difícil manejo que tiene su alta pluviometría.

‐ *Toberas giratorias multichorro*: son toberas que no tienen un abanico de agua, sino que son multichorro. Tienen un alcance y un consumo de agua (caudal) parecido al de un aspersor de bajo alcance. Su pluviometría es similar a la del aspersor, por lo que son los únicos difusores que sí se pueden mezclar con aspersores. Las aplicaciones de las toberas giratorias son:

1. Solucionar problemas de cobertura.

2. Mejor comportamiento frente al viento que los difusores.

3. Mezcla de zonas de aspersión.

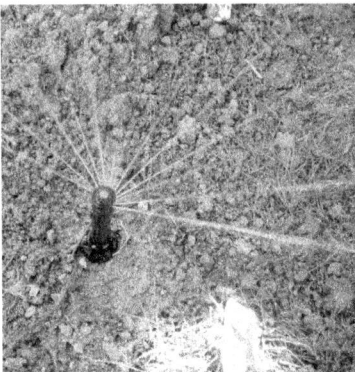

Figura 2.26. Tobera giratoria multichorro

2.2.3 Goteros. Riego localizado de alta frecuencia

El gotero es un emisor de riego de bajo caudal, baja presión y alta frecuencia que realiza su función de forma localizada mediante un riego gota a gota. Los goteros pueden ser regulables en caudal (la regulación del consumo de agua es visual y, por tanto, inexacta), aunque son preferibles los de caudal fijo.

La presión óptima de funcionamiento de los goteros es de **2-2,5 atm**, pudiendo funcionar en un rango en torno a ese valor (su presión de funcionamiento máxima es de 3 atm). Se pueden distinguir dos tipos de goteros según su comportamiento frente a la presión del agua:

- **Gotero turbulento**: goteros con ningún tipo de compensación del caudal respecto a las diferencias de presión que se producen a lo largo de la instalación. A lo largo de la tubería hay una disminución de la presión por pérdidas de carga, por lo que el caudal emitido por los goteros disminuye cuanto más alejados están de la alimentación. Es poco recomendable debido a los problemas de uniformidad de riego. A mayor presión en el gotero, mayor caudal de aplicación; así pues, los goteros de una misma línea aplicarán caudales diferentes según la diferente presión existente en su posición.

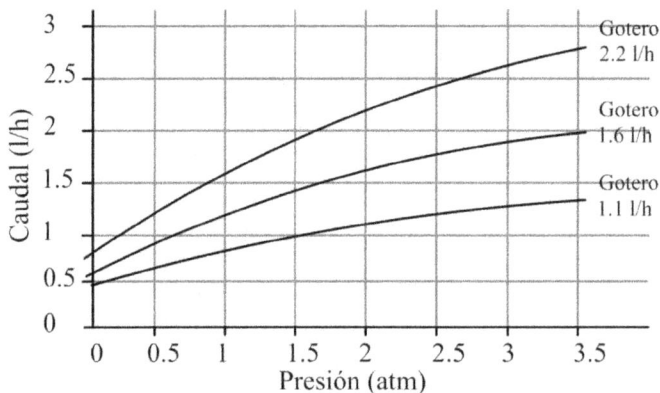

Figura 2.27. Curva Presión - Caudal del gotero turbulento

- **Gotero autocompensante**: gotero con sistema de compensación del caudal aplicado dentro de un rango de presiones. La compensación se consigue gracias a una membrana flexible interna que regula la salida del agua en función de la presión existente.

La compensación de los goteros tiene un rango admisible dentro del cual los caudales son razonablemente iguales. De forma práctica, ese rango de presiones en las cuales el caudal es el mismo se puede traducir en longitud de tubería sin alimentaciones de agua. A mayores longitudes, la pérdida de carga producida en el interior de la tubería hace variar las diferencias de caudales hasta niveles que no cumplen con la mínima uniformidad de riego exigible.

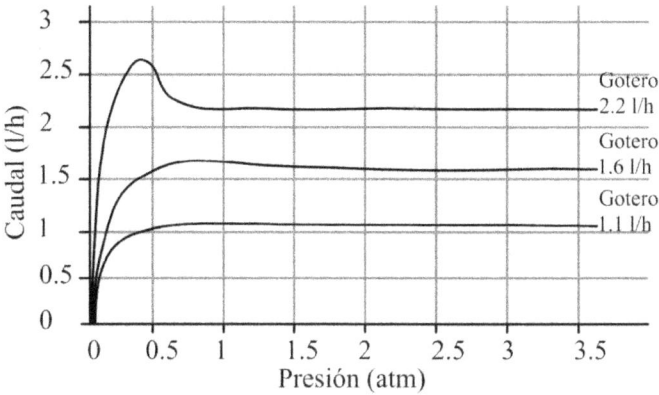

Figura 2.28. Curva Presión - Caudal del gotero autocompensante

TIPOS DE GOTEROS SEGÚN SU PRESENTACIÓN

- **Independientes**: se instalan sobre la tubería donde sean necesarios. Para jardinería deben ser autocompensantes a fin de conseguir una buena uniformidad de riego y con caudales de 2, 4, 8 ó 16 l/h.

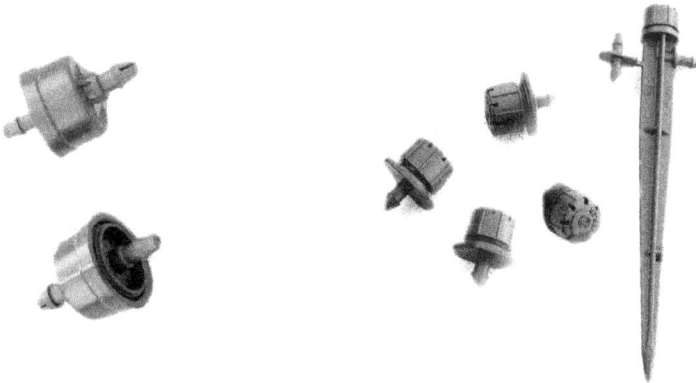

Figura 2.29. En las figuras de la izquierda se observan goteros pinchables en tubería. A la derecha goteros pinchables regulables en caudal

- **Tubería de goteo con gotero integrado**: es una tubería en la que se han insertado goteros a distancias fijas durante el proceso de fabricación, consiguiendo como resultado un sistema de riego localizado muy versátil y extendido. Aunque la distancia entre los goteros puede ser cualquiera, las medidas comercializadas más usuales son 33 y 50 cm. La tubería con goteros a

33 cm se utilizará fundamentalmente para plantaciones de setos y en casos de gran densidad de plantación. En el resto de los casos se recomienda utilizar tubería con distancia entre goteros de 50 cm, como zonas arbustivas, setos, borduras, riego de árboles... La tubería de goteo integrado se comercializa en color negro o marrón.

Figura 2.30. Tubería de goteo integrado y detalle del gotero integrado

La tubería de goteo integrado se comporta como emisor y como distribuidor del agua. Para la emisión de agua utiliza goteros con un caudal que generalmente es de 2,2-2,5 l/h.

El diámetro estandarizado de la tubería es 16 mm (diámetro exterior), aunque también existen otros diámetros derivados de usos agrícolas y no utilizados normalmente en riego de jardines, como son 12, 17 y 20 mm. Al ser diámetros pequeños, el caudal que es capaz de transportar es bajo. Por ello, las instalaciones de riego necesitan varias alimentaciones desde una tubería de mayor diámetro (máxima longitud de ramal). Con ello se garantiza la uniformidad en la aportación de agua al terreno.

INSTALACIÓN CORRECTA DE GOTEO:

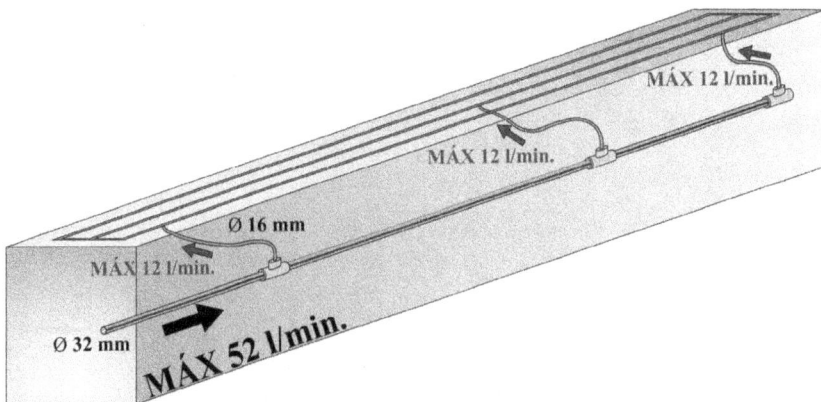

Figura 2.31. Sistema de riego por goteo alimentado de forma eficiente; garantiza un reparto uniforme del agua

INSTALACIÓN INCORRECTA DE GOTEO

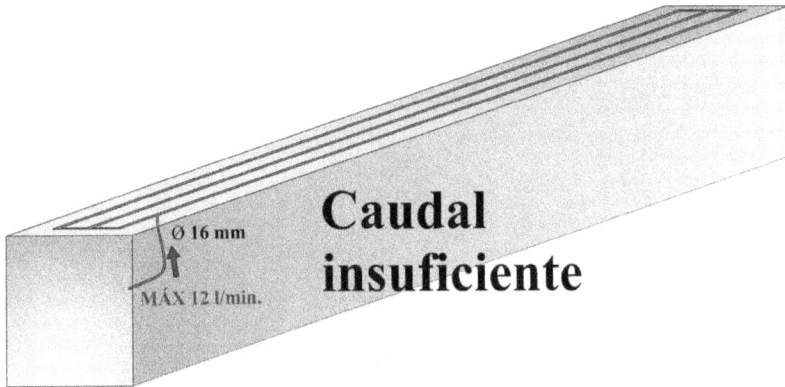

Ø 16 mm

MÁX 12 l/min.

Caudal insuficiente

Figura 2.32. Sistema de riego por goteo alimentado de forma muy deficiente. El agua tarda mucho tiempo en llegar a algunas zonas. Baja uniformidad en el riego; los goteros de las proximidades riegan el ciclo entero, mientras que los más lejanos tienen un tiempo de riego efectivo menor

La tubería de goteo tiene la característica de funcionar a baja presión (timbraje 4 atm), por lo que puede ser necesario (95% de las instalaciones) dotar al cabezal de riego de una válvula reductora de presión.

Conviene aclarar en este punto algunas falsas creencias sobre el riego por goteo. Contrariamente a lo que suele pensarse, el goteo no ahorra agua, pues hay que seguir aportando la cantidad de agua que necesita la vegetación existente en el jardín. Lo que sí se consigue es controlar mejor el consumo de agua, pues aporta más despacio el agua, de tal forma que un error en los tiempos de riego supone una menor pérdida de agua.

Otro aspecto importante del goteo es que al colocar la tubería sobre el terreno no es necesario que el gotero esté justo al lado de la planta, pues no se trata de que cada gotero riegue una planta. Se trata de aportar humedad a toda una franja de terreno, lo que se conoce como franja húmeda.

Cada gotero, al regar, genera una zona de humedad denominada **bulbo húmedo**. El bulbo húmedo es la forma de distribución que tiene el agua en el suelo, de tal forma que cada gotero forma su propio bulbo. Los bulbos húmedos de cada gotero se solapan formando así la franja húmeda en el terreno. Es por ello que se debe instalar una parrilla de goteo lo suficientemente densa en el terreno, aportando así el agua de forma uniforme.

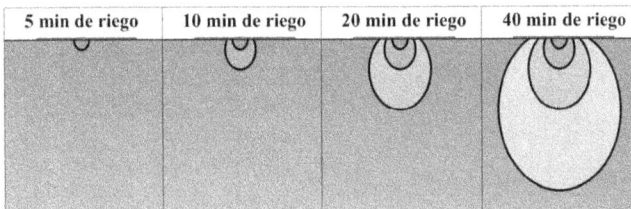

5 min de riego	10 min de riego	20 min de riego	40 min de riego

Figura 2.33. Bulbo húmedo

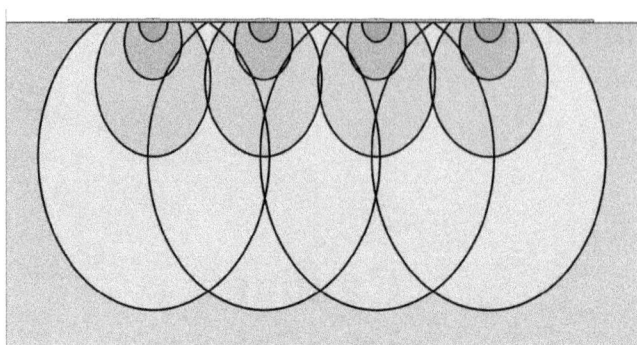

Figura 2.34. Franja húmeda con 40 min de riego

Figura 2.35. Parrilla de goteo. Los goteros no coinciden con las plantas, sino que se forma la franja húmeda

Figura 2.36. Bulbo húmedo. Las líneas de goteo están unidas por los extremos; esta práctica se recomienda para compensar los caudales

Los riegos por goteo son muy sensibles al vandalismo, siendo éste uno de sus principales problemas. Otro problema importante que tienen los goteros es la necesidad de una filtración adecuada del agua, pues cualquier partícula en suspensión puede obturar los pequeños laberintos que hay dentro del gotero, impidiendo la salida de la gota. Necesita, por tanto, un filtro en el cabezal de riego.

Debido a su alto rendimiento hídrico e hidráulico se ha tratado de implantar la técnica del **riego por goteo para praderas**, sin demasiado éxito, por una serie de problemas que lo hacen poco recomendable. Dichos problemas son:

- **Elevado coste**. La instalación requiere enterrar una parrilla de tubería de goteo con goteros a 33 cm con distancia entre líneas de goteo también de 33 cm.

- **Nivelación del terreno**. La instalación debe realizarse en terrenos con baja pendiente para evitar problemas de uniformidad.

- **Instalación laboriosa**. La instalación debe ir enterrada a 10-12 cm de profundidad para que el aporte de humedad se realice en la zona radicular.

- **Obstrucciones**. Los goteros enterrados tienen problemas por obturación debido a partículas que rodean las salidas y sobre todo a obstrucción por raíces.

- **Mantenimiento complejo**. Problemas por aplastamiento de tuberías (debido a las cargas que soporta el césped) y problemas para la práctica de técnicas culturales de profundidad (aireadores y *verticut*).

2.2.4 Otros emisores del riego localizado: microaspersores y microdifusores

Los microaspersores y microdifusores son emisores de riego que emiten el agua de forma localizada, bien en forma de abanico o pulverización, bien en forma de chorros. A la hora de instalarlos se necesitarán los datos proporcionados por el fabricante de consumo de caudal. Son emisores de riego que trabajan a baja presión; por ello se dotará al cabezal de riego de una válvula reductora de presión si fuera necesario. Su uso está recomendado en invernaderos y en jardinería privada para aquellas zonas con plantaciones irregulares o con plantas de necesidades hídricas muy diferentes. Su uso está desaconsejado en jardinería pública si existen problemas de vandalismo.

Figura 2.37. Detalle de microdifusores

Figura 2.38. Microdifusores regando

2.2.5 Hidrantes

Los hidrantes son tomas de las que obtener agua de una manera rápida, son en esencia salidas de agua. Los hidrantes siempre deben estar instalados en tuberías principales "en carga", es decir, que siempre tengan agua a presión. Aunque pueden instalarse en una red independiente de la red de riego, lo más común es situarlos sobre la tubería principal (evitando el encarecimiento al duplicar las redes).

Dependiendo de su función y lugar de colocación, para el riego de parques y jardines se suelen utilizar los siguientes tipos de hidrantes:

Figura 2.39. De izquierda a derecha, boca de fundición (aceras y parques públicos), hidrante de acople rápido y grifos de jardín

La función principal de los hidrantes es ser un punto de agua disponible en cualquier momento. De esa manera, se pueden utilizar para:

- **Un riego de urgencia** (por avería del riego automático).

- **Riego de zonas que no tengan instalado ningún sistema de riego**.

- **Riegos de plantación**, más copiosos y rápidos.

- **Limpieza de zonas del parque** (aceras, viales, etc.).

- **Hobby** (en jardinería privada, riegos manuales y otros usos no relacionados con el riego).

Las conexiones de los hidrantes con la tubería que los alimenta varían según su tipo. Los grifos de jardín y los hidrantes de acople rápido tienen conexiones roscadas. En cuanto a las bocas de riego pueden tener conexiones muy diversas, aunque son usuales las conexiones bridadas.

2.3 TUBERÍAS

Las tuberías son las encargadas de distribuir el agua desde la acometida hasta los emisores. Se pueden clasificar según su material: tuberías de hierro fundido, de fibrocemento, PVC (policloruro de vinilo), etc.

	Características	Uniones	Interacción con el agua	Vida útil (años)	Diámetro nominal	Actualidad
Polietileno	Flexible Ligero Resistente	Presión Unión mecánica Fundido	Inerte	50	Diámetro exterior	Vigente
PVC	Rígido Ligero Frágil	Encolado Unión mecánica	Inerte	25	Diámetro exterior	En desuso (salvo para piscinas)
Fibrocemento	Rígido Pesado Resistente Erosionable	Unión mecánica	Precipitados salinos	40	Diámetro interior	Prohibido por toxicidad
Fundición dúctil	Rígido Pesado Resistente Incrustaciones internas	Unión mecánica	Precipitados salinos Oxidación	50	Diámetro interior	Para grandes "arterias" de redes de agua

En la actualidad, para los sistemas de riego se utilizan tuberías de polietileno (PE). Las ventajas respecto a otros materiales son muchas:

- **Bajo coste, almacenaje y transporte**.

- **Material ligero**.

- **Alta resistencia a suelos y agentes agresivos.**

- **Baja rugosidad.**

- **Baja sensibilidad a heladas.**

- **Costes de mantenimiento reducidos.**

- **Facilidad de montaje y alta durabilidad.**

El polietileno es un polímero del etileno. Las tuberías de polietileno son flexibles y altamente resistentes. En su fabricación reciben un tratamiento para soportar sin degradarse la luz solar. Es un material inerte, no tóxico, con bajo nivel de incrustaciones a lo largo del tiempo, escasa pérdida de carga por rozamiento y fácilmente transportable por su flexibilidad y bajo peso. Además, el polietileno es reciclable, aunque en el caso de las tuberías es preferible utilizar polietileno virgen, pues durante el proceso de reciclado pierde calidad.

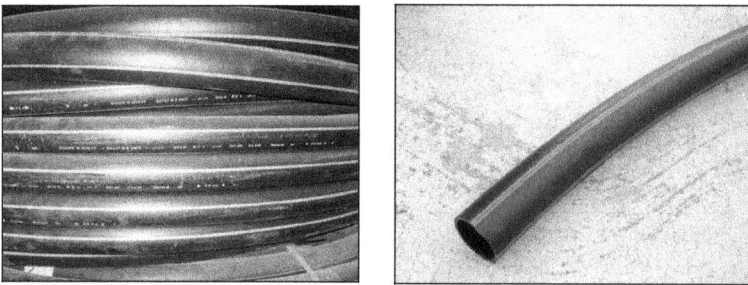

Figura 2.40. La figura de la izquierda se corresponde con un rollo de tubería PE alimentaria (banda azul) y la de la derecha con una muestra de tubería PE agua regenerada (banda morada)

Estas tuberías, aptas para consumo humano (banda azul), tienen que cumplir normativas de calidad en su fabricación que asegurarán una vida útil mayor, un ajuste perfecto con las uniones gracias a una tolerancia mínima en sus medidas y toda clase de información impresa en la propia tubería. Si la banda identificativa fuera morada, significa que es para uso con aguas regeneradas o recicladas. Cualquier otro color en la banda (verde, rojo, etc.) identifica a tuberías de material reciclado para uso agrícola y no alimentario.

Las tuberías que cumplen las normas de calidad UNE tienen un marcaje cada metro con la siguiente información:

- **Indicación de material** (PE 40, PE 100).

- **Nombre del fabricante.**

- **Presión nominal o timbraje** (MPa o bares).

- **Código de lote del fabricante**.

- **Fecha de fabricación** (mes y año).

- **Diámetro nominal** (mm).

- **Espesor** (mm).

- **Sellos de calidad y normas UNE** bajo las que están fabricadas.

- **Metraje del rollo**.

Aunque se fabrican más tipos, se pueden distinguir dos grandes grupos de tuberías de PE:

- **Tubería de polietileno de baja densidad (PEBD)**: la densidad de este polietileno está en un intervalo entre 0,915 y 0,935 gr/cm3. Es una tubería sumamente flexible y de pared gruesa.

- **Tubería de polietileno de alta densidad (PEAD)**: la densidad de este polietileno está en un intervalo entre 0,94 y 0,97 gr/cm^3. Es una tubería menos flexible y de pared más delgada.

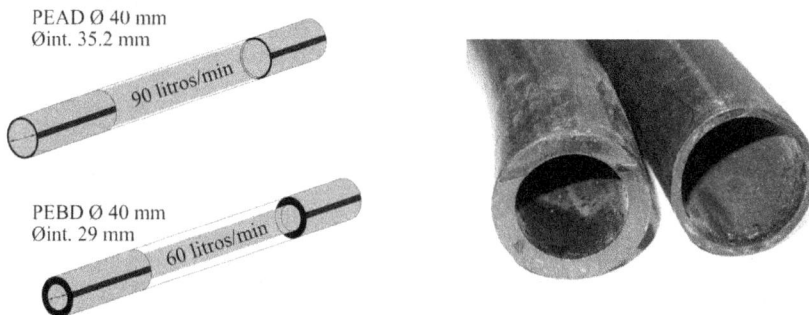

Figura 2.41. Diferencias en el grosor de la pared de las tuberías de PEBD y PEAD

Al ser menor la capacidad del PEBD para resistir la presión del agua, necesita un espesor de la pared de la tubería mayor para soportar la misma presión que el PEAD, lo que implica un menor paso de agua (el diámetro interior es más reducido) y mayor coste (mayor empleo de materia prima por su grosor de pared). Además, en tuberías capaces de soportar la misma presión, las de PEBD son considerablemente más pesadas que las de alta densidad, por lo que operativamente es más ineficiente. La composición del polietileno de baja densidad impide utilizar con ellas técnicas de montaje por electrofusión, por lo que sus uniones siempre tendrán que ser mecánicas. Por ello, su uso sólo está justificado por su flexibilidad para su utilización en las derivaciones finales de los sistemas de riego.

Características (a igualdad de diámetro y timbraje)	PEAD	PEBD
Rto. hidráulico (caudal)	Mayor	Menor
Peso	Menor	Mayor
Coste	Menor	Mayor
Sistema de montaje	Todos	Todos salvo termofusión
Flexibilidad	Menor	Mayor
Indicado para	Instalación de tubería principal y secundaria	Reparaciones, ramales terciarios al emisor

Analizadas las características de ambos tipos de tuberías de polietileno, es usual la utilización de PEAD para instalaciones nuevas por su rendimiento hidráulico, menor peso y coste, dejando las reparaciones y las alimentaciones a emisores para el PEBD por su mayor flexibilidad.

Las tuberías de polietileno se miden por su diámetro exterior, y por la presión que son capaces de soportar, lo que se conoce como timbraje. Cuanto mayor es el timbraje que es capaz de resistir una tubería (es decir, la presión que es capaz de tolerar), mayor debe ser la pared de la tubería. En la siguiente tabla se expresan los diferentes diámetros exteriores, timbrajes y a qué diámetro interior corresponde cada uno:

Diámetro exterior (mm)	Diámetro interior (mm)			
	PEBD 6 atm	PEBD 10 atm	PEAD 10 atm	PEAD 16 atm
	SDR^2 = 11	SDR = 7,4	SDR = 17	SDR = 11
20	16	14	-	16
25	20,4	18	-	20,4
32	26	23,2	28	26

$$^2 \; SDR = \frac{DN}{EN}$$ SDR: Serie del tubo (adimensional).

DN: Diámetro nominal (mm), que en el caso de las tuberías de PE es exterior.

EN: Espesor nominal (mm). El grosor de la pared de la tubería.

40	32,6	29	35,2	32,6
50	40,8	36,2	44	40,8
63	51,4	45,8	55,4	51,4
75	61,4	54,4	66	61,4
90	-	-	79,2	73,6

Para conocer la capacidad hidráulica que tiene cada tubería, es decir, la cantidad de agua que puede transportar cada tubería, se utiliza fórmulas empíricas o sus ábacos.

Dicho ábaco es multientrada, accediéndose a él mediante el diámetro interior, la velocidad del agua, su rozamiento y/o su caudal.

Para simplificar este trámite en la elección de los diámetros de tubería en función del caudal de agua que deben transportar, se han elaborado unas tablas que facilitan la labor.

Dichas tablas ofrecen los caudales que pueden transportar las tuberías de polietileno en función de su densidad, timbraje y diámetro, con velocidades de circulación del agua cercanas a 1,5 m/s y una pérdida de carga aceptable en tramos cortos. En caso de tramos largos (más de 100 metros), la existencia de una baja presión en la red o unas condiciones anormales de diseño, se debe calcular mediante el ábaco del fabricante de tuberías (ver anexo 1) y no apoyarse en las tablas resumidas.

A continuación se adjunta la tabla resumida para la elección de diámetros en función del caudal a transportar para tuberías de polietileno:

	PEAD*		PEBD*	
	10 atm	16 atm	6 atm	10 atm
20 mm	-	-	19 l/min	14,4 l/min
25 mm	-	-	28 l/min	23 l/min
32 mm	52 l/min	43 l/min	48 l/min	39 l/min
40 mm	90 l/min	76 l/min	75 l/min	60 l/min
50 mm	144 l/min	115 l/min	120 l/min	96 l/min
63 mm	222 l/min	178 l/min	186 l/min	150 l/min
75 mm	312 l/min	240 l/min	258 l/min	210 l/min
90 mm	414 l/min	356 l/min	-	-

*Para velocidad de agua 1,5 m/s

CONEXIONADO DE LAS TUBERÍAS DE POLIETILENO

Existen cuatro tipos de métodos de unión y derivación para las tuberías de polietileno:

- **Soldadura a tope**: se trata de uniones mediante la soldadura de los tramos de tubería con la pieza de unión o derivación. La soldadura se realiza entre la pared de la tubería y la pared de las piezas o de otro tramo de tubería, siendo el resultado una única conducción. Si bien las piezas de unión y derivación son económicas, es necesaria la utilización de una máquina bastante costosa y especializada.

  Solo se puede realizar soldadura a tope en tuberías de polietileno de alta densidad y conducciones secas y sin humedad, por lo que no se puede utilizar en reparaciones. Otro problema añadido a las reparaciones es la necesidad de una alineación perfecta para la soldadura. Su utilización está limitada a tuberías de gas y grandes conducciones, no viéndose nunca en instalaciones de riego de jardines.

- **Electrofusión**: se trata de uniones mediante la soldadura de la pieza de unión o derivación sobre los tramos de tubería.

  Las piezas llevan una resistencia a la que se le aplica una corriente eléctrica. El calor producido en la resistencia derrite la capa de polietileno que la cubre, fundiendo la pieza con el extremo de la tubería encajado en ella.

  Según la temperatura ambiente, el tipo de pieza y el diámetro de la tubería, varía el tiempo y la intensidad que debe estar la corriente eléctrica calentando la resistencia de la pieza. Para simplificar, las máquinas de electrofusión incorporan un lector de código de barras capaz de determinar el tiempo necesario leyendo el código que llevan impreso las piezas, así como corregirlo según la temperatura ambiente.

  Solo se admite la soldadura en las conducciones de polietileno de alta densidad, sin humedad y secas, por lo que no se emplea para reparaciones. Así mismo, es importante observar una correcta alineación entre la pieza y los tramos de tuberías que intervienen en la operación para que el fundido sea correcto.

  No es muy frecuente la utilización de electrofusión en las instalaciones de riego, salvo en aquellos casos en los que se exija mediante un pliego de condiciones, como pueden ser campos deportivos, de golf, derivaciones de compañías de distribución de agua, etc., y en el caso de grandes conducciones. Pese a todo, hay que señalar que es un método más fiable y seguro que las conexiones mecánicas.

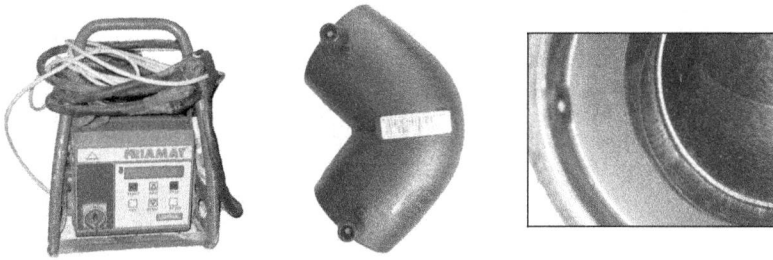

Figura 2.42. De izquierda a derecha, máquina de electrofusión, codo electrosoldable y detalle de la resistencia

- **Fittings mecánicos**: es una unión acerrojada. Es la más usual para los sistemas de riego. Se trata de una unión mecánica en la que la estanqueidad se consigue mediante una junta de goma y la sujeción antitracción se logra gracias a una pieza dentada toroidal. Se puede utilizar tanto en polietileno de alta como de baja densidad.

   Los *fittings* pueden ser de diversos materiales, siendo los más habituales los de polietileno y los metálicos. Mientras que los de polietileno son más económicos, los metálicos tienen una mayor capacidad antitracción y soportan mejor presiones laterales exteriores dando una mayor seguridad a la instalación.

- **Unión a presión**: es la unión más usual para los sistemas de goteo, en concreto en tuberías de diámetro 16. La unión se realiza por la introducción de las piezas a presión dentro de la tubería. La estanqueidad de estos accesorios se ve comprometida con presiones altas; es por ello que son ideales para los sistemas de riego por goteo en los que las presiones de trabajo son bajas.

2.4 VÁLVULAS

Una válvula es un elemento de control que regula la circulación del agua dentro de la instalación de riego. Todas las válvulas están diseñadas para soportar una presión de trabajo, conocida como presión nominal (PN). Son comunes presiones nominales de PN 16, PN 25 y hasta PN 40. Naturalmente las presiones de trabajo nunca llegan a esos límites, justificando su alta resistencia por condiciones ambientales o hidráulicas, como por ejemplo mejorar su comportamiento frente a heladas o sobrepresiones puntuales.

Las válvulas se acoplan entre sí y con otros elementos del sistema de riego mediante conexiones roscadas y en el caso de válvulas de gran tamaño por medio de conexiones bridadas. Menos comunes son conexiones pegadas a tubería como ocurre en algunas válvulas de corte de PVC.

Son múltiples las funciones que pueden cumplir las válvulas en una instalación. Según estas funciones, existen diferentes tipos de válvulas:

- **Válvulas de corte o aislamiento**: estas válvulas se encargan de cortar o permitir el paso de agua por la conducción. Las válvulas de corte son imprescindibles en toda instalación de riego, siendo necesaria al menos una en cada cabezal de riego y otra en la acometida de agua (válvula general). Las hay de varios tipos, clasificándose según el mecanismo de cierre. Los materiales en los que se fabrican las válvulas de corte son muy diversos, los más usuales son acero, latón, PVC y fundición.

El elemento de cierre es una esfera taladrada que mediante el giro de la palanca regula el paso de agua.

El mecanismo de cierre es una mariposa que gira accionada por el mando.

Figura 2.43. Las figuras de la izquierda muestran una válvula de esfera. A la derecha, una válvula de mariposa

En esta válvula el dispositivo de cierre es una compuerta de movimiento vertical

Figura 2.44. Válvula de compuerta

Las válvulas de esfera son ampliamente utilizadas para el cierre manual de los riegos. Las más utilizadas son las de acero.

La selección de las dimensiones de las válvulas de paso se realiza en función del diámetro de la tubería en la cual van instaladas (caso de las válvulas de sectorización), o bien en función del diámetro de las tuberías que alimentan (caso de las válvulas de derivación).

- **Válvula reductora de presión**: estas válvulas realizan tareas de reducción de la presión aguas abajo, para la protección de la instalación. Las válvulas reductoras de presión son imprescindibles en zonas de altas presiones para proteger todo el sistema de riego, incluidas las tuberías.

Los emisores de riego tienen un rango de presiones de funcionamiento limitado por encima del cual su funcionamiento es defectuoso, llegando a la rotura de ciertos materiales. El caso es particularmente importante en sistemas de riego por goteo, que requieren muy baja presión.

Las válvulas reductoras de presión deben acompañarse de un manómetro para leer la presión existente en cada momento.

Las válvulas son regulables, disponen de un mecanismo regulador que actuando sobre él regula la presión dinámica. Es importante que tanto el tornillo regulador como el manómetro sean accesibles una vez instalados en la arqueta, por lo que puede ser necesaria la colocación inclinada según la configuración del modelo.

Las válvulas reductoras de presión son muy sensibles a la obturación, perdiendo rápidamente su función reductora si el agua no es filtrada aguas arriba.

La conexión de las válvulas reductoras de presión es roscada, existiendo modelos tanto macho como hembra. Algunos permiten un rápido desmontaje del cabezal de riego gracias a la incorporación de roscas locas.

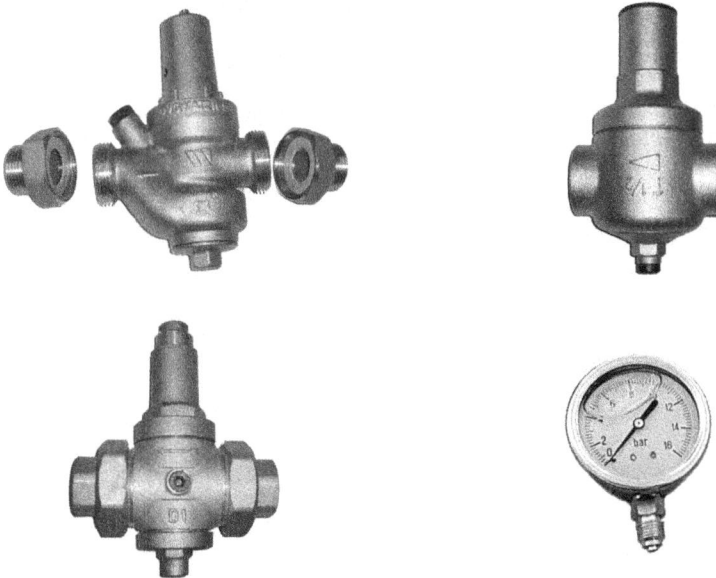

Figura 2.45. Varios tipos de válvulas reductoras de presión y un manómetro

Regla de oro
Las válvulas reductoras de presión irán **siempre** precedidas de un filtro. Sin él la válvula se obtura y bloquea con mucha facilidad perdiendo su capacidad reductora o cerrándose por completo.

Las válvulas reductoras de presión se dimensionan en función del caudal que hay que regular. Como dato aproximado se puede utilizar la siguiente tabla; para mayor exactitud lo adecuado es aplicar los datos facilitados por el fabricante:

Diámetro nominal	Caudal máximo
DN-15	1,8 m^3/h
DN-20	2,9 m^3/h
DN-25	4,7 m^3/h
DN-32	7,2 m^3/h
DN-40	8,3 m^3/h
DN-50	13,0 m^3/h

Existen reductores de presión, que no son regulables. Están tarados de fábrica para que tengan a la salida una presión constante que coincide con la presión de funcionamiento óptima para los sistemas de riego localizado. Son piezas pequeñas, poco profesionales y para caudales bajos (aplicables en instalaciones de poca entidad).

- **Válvula antirretorno o de retención**: estas válvulas obligan a que la circulación del agua sea en un único sentido, es decir, el agua no podrá retroceder a partir de ese punto. Se emplea:

  - *En zonas con grandes desniveles*; para evitar desplomes en columna de agua (pozos), evitar escorrentías en zonas de goteo...

  - *En grupos de presión*; evita el regreso del agua a la bomba y al depósito/pozo.

  - *En bypass*; entre grupos y acometidas de la red de distribución o varias redes de agua. Para evitar la mezcla de aguas de diferente procedencia.

  - Para evitar los efectos del golpe de ariete.

A continuación se exponen las válvulas de retención más usuales:

  - La *válvula de retención York* es la más utilizada. El sistema de cierre es mediante una tapa presionada por un muelle. En el sentido correcto del agua, la presión vence al muelle y el agua puede pasar. En cuanto deja de haber presión, el muelle empuja la tapa y el agua no puede retroceder. La válvula de retención York es sensible a la obstrucción por elementos en suspensión. Muy utilizada en instalaciones de sistemas de riego.

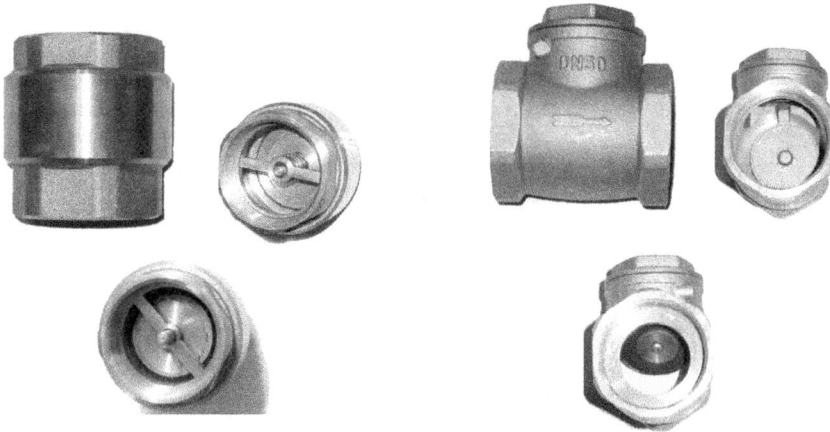

Figura 2.46. En la parte izquierda, válvulas de retención York. En la parte derecha, válvulas de retención de clapeta

- La *válvula de clapeta* tiene un sistema de cierre por disco oscilante. Dicho disco cuelga de una bisagra que le permite su apertura hacia el lado del sentido del agua. Cuando cesa la presión de agua, el disco cae cerrando el paso. Tiene la característica añadida de tener acceso a la compuerta, bien para limpiarla, bien para quitarla y permitir el paso del agua en ambas direcciones.

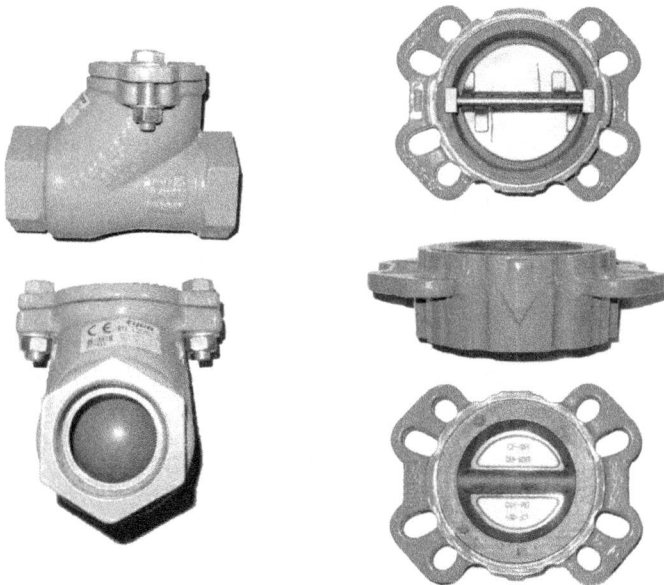

Figura 2.47. Figura de la izquierda, válvula de retención de bola. Figura de la derecha, válvula de retención doble clapeta batiente

- La *válvula de retención de bola* se utiliza sobre todo en conducciones con aguas cargadas o sucias. Una esfera tapona el paso del agua hasta que la presión del agua la empuja a una zona libre que tiene en la parte superior de la válvula. Dicha parte es registrable, permitiendo la limpieza de la válvula.

- La *válvula de retención Ruber Check o doble clapeta batiente* se utiliza en grupos de presión por su reducido tamaño y gran solidez.

Estas válvulas se dimensionan en función de las dimensiones de la tubería en la que se instalan. Deben ir acompañadas de válvulas de paso para permitir su desmontaje.

- **Válvula de seguridad**: la función de estas válvulas es servir de aliviadero, en caso de que se produzca un exceso de presión. La válvula de seguridad es particularmente importante para eliminar sobrepresiones en grupos de presión.

  El funcionamiento es relativamente sencillo; al producirse la sobrepresión, la válvula libera agua hasta que se reduce la presión a un nivel admisible.

- **Válvula de llenado**: la función de estas válvulas es permitir el llenado de depósitos cuando el nivel de agua baje de un nivel prefijado. Esta caída de nivel es detectada mediante una boya flotante unida a la válvula mediante un mecanismo de apertura.

- **Válvula de ventosa**: las válvulas de ventosa introducen y expulsan aire de la conducción. Se ubican e instalan en los puntos altos y de cambio de pendiente. Se pueden distinguir varios tipos de válvulas de ventosa:

  - *Purgador*: entradas y salidas de grandes cantidades de aire.

  - *Monofuncional*: solo entradas o salidas de una cantidad limitada de aire.

  - *Bifuncional*: entradas y salidas de una cantidad limitada de aire.

  - *Trifuncional*: propiedades de válvula bifuncional y purgador.

  Para dimensionarlas se debe recurrir a las indicaciones del fabricante. Se utilizan en grandes conducciones; en redes de riego son los propios emisores los que asumen funciones de válvula de ventosa permitiendo la entrada y salida de aire.

- **Válvula hidráulica**: las válvulas hidráulicas son válvulas configurables para desempeñar diversas funciones. El punto común de las válvulas hidráulicas es que son válvulas automáticas que obtienen la energía para funcionar de la energía presente en el agua (presión). Suelen ser de fundición y estar recubiertas por una capa protectora epoxi.

Figura 2.48. Válvula hidráulica

Los pilotos son aparatos que interpretan la presión del agua para actuar según la función para la que están configurados. Las válvulas hidráulicas solo tienen internamente una membrana que se encarga de la apertura y cierre de la válvula, y es añadiendo pilotos como se consiguen las diferentes funciones como electroválvula, válvula reductora de presión, válvula de seguridad, válvula mantenedora o sostenedora de la presión…

La ventaja sobre el resto de válvulas es que tiene una pérdida de carga más baja y su elevada versatilidad. Las válvulas hidráulicas pueden realizar múltiples funciones al mismo tiempo instalando pilotos diseñados para tal función.

2.5 ELECTROVÁLVULAS

Se trata de una válvula hidráulica muy especializada (adaptada en tamaño y materiales) que permite la automatización de la instalación. La apertura y cierre del flujo de agua la realiza tras una señal eléctrica que recibe desde un programador. Aunque existen modelos metálicos, las más comunes están construidas en material plástico (ABS, fibra de vidrio, PVC…)

Figura 2.49. Electroválvula de 1" y electroválvula de 1 ½"

PARTES DE LA ELECTROVÁLVULA

- **Solenoide**: es la parte más importante de la electroválvula. Recibe las "órdenes" del programador a través de una señal eléctrica que le llega por cable. Dicha señal eléctrica puede ser de dos tipos: una señal continua (durante el riego) de 24 V o un impulso de 9 V (uno para abrir la válvula, y otro para cerrarlo). Naturalmente, para cada tipo de señal eléctrica es necesario un tipo distinto de solenoide.

  Los solenoides de 9 voltios, que se instalan en sistemas autónomos (a pilas) de programación se conocen como solenoides de impulsos o *latch*. Se pueden distinguir fácilmente porque las normas UNE-EN de fabricación indican que los solenoides deben ir ensamblados con un cable rojo y otro negro.

  Los solenoides de 24 voltios (también llamados eléctricos), en cambio, pueden llevar cables de cualquier color, aunque lo usual es blanco y/o negro.

  Los solenoides van roscados en la parte superior de la electroválvula, para que su manipulación en la arqueta sea más sencilla, y la estanqueidad la consiguen gracias a una junta de goma que llevan incorporada.

  El funcionamiento del solenoide varía según su tipo:

  - El solenoide de 24 voltios tiene un núcleo imantado en su interior, de tal forma que cuando le llega una corriente eléctrica el solenoide se imanta y vence la presión que un muelle ejerce sobre él. Cuando la corriente cesa, el núcleo vuelve a su posición original impidiendo el paso del agua por el orificio.

  - El solenoide de 9 voltios funciona de forma similar, si bien el núcleo cambia de posición cada vez que recibe un impulso eléctrico.

- **Cuerpo de la electroválvula**: es la carcasa de la electroválvula. El cuerpo está dividido en dos partes sujetas por tornillos (a veces están roscadas) para poder acceder al interior de la electroválvula y llevar a cabo operaciones de reparación y limpieza.

- **Membrana de la electroválvula**: las electroválvulas más extendidas son de membrana. La membrana es la encargada de la apertura hidráulica de la electroválvula. Cuando el solenoide recibe la señal de apertura, la membrana cede abriendo el paso del agua. Al finalizar el riego, la membrana recupera su posición inicial gracias a un muelle impidiendo el paso de agua. Tanto las aperturas como los cierres del paso de agua no son inmediatos, siendo necesario un tiempo para que se produzca la acción hidráulica.

- **Tornillo purgador**: algunas electroválvulas disponen de este tornillo. Permite la salida de aire y despresurización de la cámara de la membrana. Su función principal es realizar una apertura manual del paso del agua.

- **Regulador de caudal**: en algunos modelos de electroválvula está disponible la opción de incorporar un regulador de caudal. Gracias a él se puede disminuir o aumentar el caudal en función de las necesidades del sector de riego de tal forma que tengan el caudal que necesitan para su correcto funcionamiento.

    El regulador de caudal actúa directamente sobre la membrana, estrangulando el paso de agua.

FUNCIONAMIENTO DE LA ELECTROVÁLVULA

Las electroválvulas de membrana realizan la apertura y cierre en cuatro fases, utilizando para ello la presión del agua.

- **FASE 1**: Electroválvula cerrada

    Presión de agua: P

    Presión de resorte: p

    Fuerza de cierre: P + p

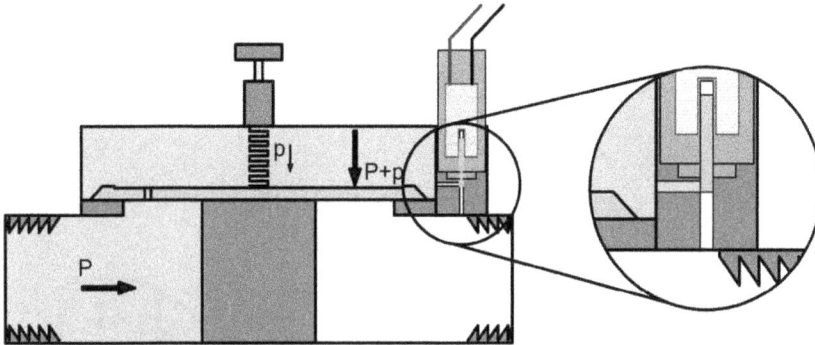

Figura 2.50. Estado cerrado de la electroválvula. El solenoide impide el paso de agua

La electroválvula permanece cerrada debido a que la membrana impide el paso del agua.

- **FASE 2**: Electroválvula en apertura

    Fuerza de apertura: P > p

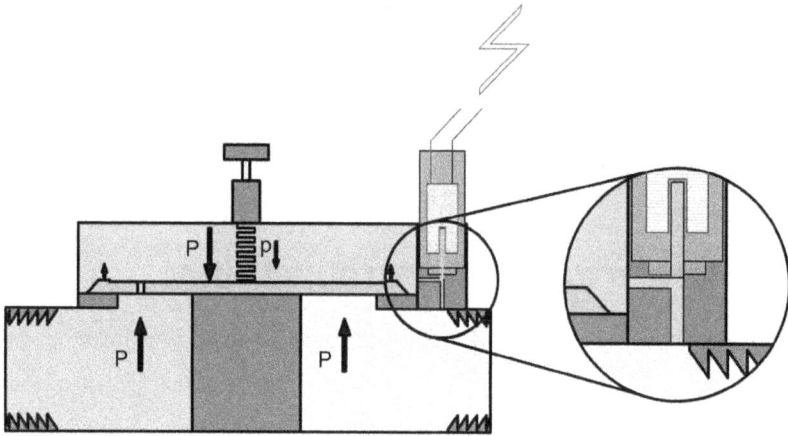

Figura 2.51. Estado apertura de la electroválvula. El solenoide permite el paso de agua

Al solenoide le llega corriente y se produce la imantación del núcleo. Gracias a ello, el solenoide se eleva (por magnetismo) y permite la fuga del agua de la cámara superior al liberar el orificio de salida que hay bajo el solenoide.

- **FASE 3**: Electroválvula abierta

Fuerza de apertura: P > p

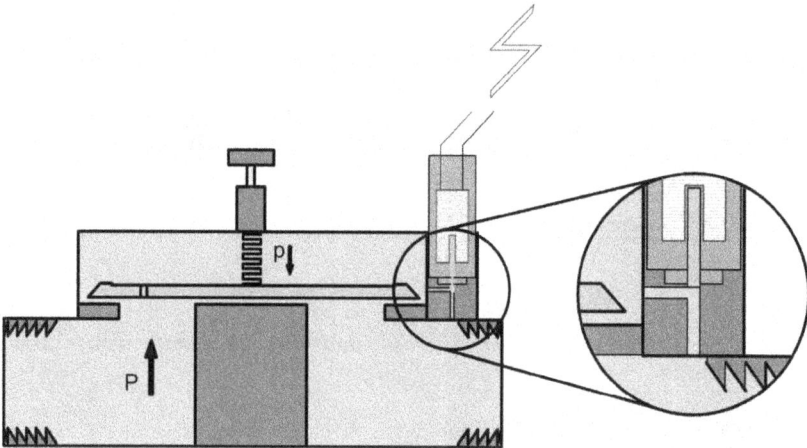

Figura 2.52. Estado abierto de la electroválvula. La membrana permite el paso

La electroválvula está abierta. Ello es debido a que la presión de la red es superior a la que ejerce el muelle de cierre de la membrana y a que la presión del agua en la cámara superior es muy baja por encontrarse el paso por el solenoide abierto.

Es la propia presión de la red la que produce la apertura, de tal forma que es necesario que exista una presión mínima para que estas electroválvulas funcionen.

Como se puede observar, el paso de agua es bastante reducido (las membranas suelen tener forma de campana para aumentarlo), produciéndose un estrechamiento que provoca una considerable pérdida de carga.

El núcleo del solenoide permanece en la parte superior gracias a que mantiene el magnetismo (le llega corriente durante todo el tiempo que debe permanecer abierta). Existe otro tipo de solenoide (de impulsos) en el que la apertura y el cierre se producen por un impulso eléctrico y no por el mantenimiento de la corriente, pero el funcionamiento hidráulico es el mismo.

- **FASE 4**: Electroválvula en cierre

Fuerza de cierre: P + p

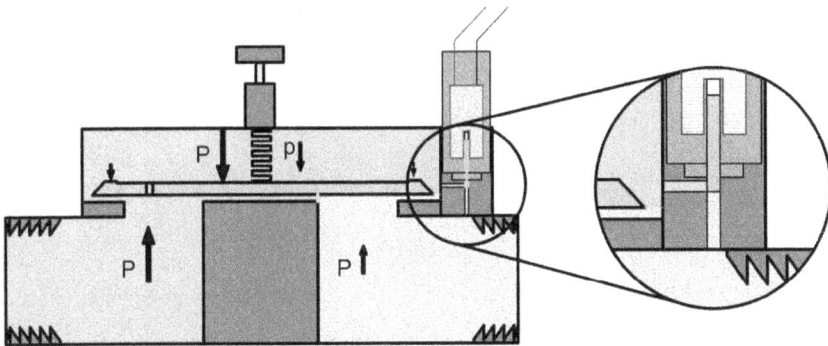

Figura 2.53. Estado cierre de la electroválvula. El solenoide impide el paso de agua

Cuando cesa la corriente eléctrica sobre el solenoide, el núcleo pierde la imantación y vuelve a su posición original gracias a un pequeño muelle. El cierre del paso del solenoide determina el llenado de la cámara superior incrementándose la presión sobre la membrana que llevará al cierre de la electroválvula.

Una parte de la pérdida de presión que se produce en la electroválvula es debida a los "giros" que debe realizar el agua en el transcurso por el interior de la misma. Algunas electroválvulas permiten su instalación en ángulo, es decir, que la entrada de agua sea por la parte inferior. De esa manera se reduce la pérdida de presión. Sin embargo, es poco frecuente la disposición en ángulo, debido a que operativamente es más complicada la instalación.

La pérdida de presión y, en mayor medida, el caudal necesario determinan la elección del tamaño de las electroválvulas. Hay que tener en cuenta que cuanto menor es el tamaño de la electroválvula, mayor es la pérdida de presión para obtener el mismo caudal.

Es un error frecuente utilizar electroválvulas de un tamaño inferior al necesario, bien por una cuestión económica, bien por desconocimiento. En las siguientes tablas se expresan los datos para la selección de electroválvulas Hunter®, en las que se puede seleccionar la válvula correcta en función del caudal (para una misma electroválvula, a mayor caudal, mayor pérdida de carga). Como puede observarse, las pérdidas de carga varían en función de su colocación en línea o en ángulo.

PGV – Pérdida de carga en bares

m³/hr	1" en línea	1" en ángulo	1½" en línea	1½" en ángulo	2" en línea	2" en ángulo
0,23	0,08	0,07				
1,14	0,13	0,07				
2,27	0,13	0,07				
3,41	0,11	0,07				
4,54	0,23	0,14	0,21	0,21	0,07	0,07
6,81	0,42	0,21	0,21	0,21	0,07	0,14
9,08			0,21	0,21	0,14	0,14
11,36			0,28	0,24	0,07	0,07
13,63			0,34	0,28	0,14	0,14
18,17			0,38	0,31	0,21	0,14
22,71					0,34	0,21
27,25					0,41	0,34

Courtesy of Hunter Industries

Figura 2.54. Tabla de pérdidas de carga de electroválvula

ICV – Pérdida de Carga en Bares

m³/hr	1"	1½"	2"
0,06	0,14		
0,11	0,14		
0,23	0,14		
1,14	0,28		
2,27	0,21		
3,41	0,21		
4,54	0,21	0,10	
6,81	0,28	0,10	
9,08	0,48	0,12	0,05
11,36		0,15	0,08
13,63		0,21	0,12
17,03		0,27	0,16
20,44		0,38	0,22
22,71		0,48	0,29
27,25		0,75	0,45
30,66		0,87	0,54
34,07		1,12	0,67
39,75			0,92
45,42			1,22

Courtesy of Hunter Industries

Figura 2.55. Tabla de pérdidas de carga de electroválvula

Es criterio común para los sistemas de riego en jardinería el considerar una pérdida de presión máxima de 0,5 atm en la electroválvula.

En caso de superar esa pérdida de presión, deberá recurrirse a utilizar el modelo de electroválvula de tamaño inmediatamente superior, hasta que la pérdida de carga esté en el rango admisible.

2.6 FILTROS

Un filtro es un dispositivo del sistema de riego encargado de limpiar los cuerpos sólidos que trae en suspensión el agua para evitar así que se acumulen residuos en la instalación. Los elementos filtrantes suelen ser:

- **Malla**: el elemento filtrante es un cilindro de malla metálica o plástica por el que se hace circular el agua. La suciedad queda en el interior de la malla.

- **Anillas**: el elemento filtrante es un cilindro compuesto por anillas ranuradas. El agua circula hacia el interior del cilindro, por lo que las impurezas quedan en el exterior del cilindro.

El poder filtrante se mide en:

- **Mesh**: número de agujeros por pulgada lineal. A mayor número de mesh, el filtro es capaz de recoger impurezas más pequeñas, pues los agujeros tienen una luz más pequeña.

- **Micrones (μm)**: el tamaño de los orificios se mide en micrómetros (10^{-6} metros).

Los filtros deben ser instalados de forma correcta en la arqueta de forma que sean accesibles para su limpieza y mantenimiento preventivo. Con el uso, los filtros se van colmatando, propiciando una mayor pérdida de carga y de caudal. En filtros importantes y principales se instalan manómetros a la entrada y salida del filtro para medir la diferencia de presiones y evaluar el nivel de suciedad.

FILTROS UTILIZADOS EN JARDINERÍA

- **Filtro de asiento inclinado** o en Y (suelen ser de malla): los filtros de asiento inclinado son filtros de tamaño compacto, adecuados para la protección de válvulas sensibles a la obturación como son las válvulas reductoras de presión. Los filtros comerciales de este tipo suelen ser de 80 mesh.

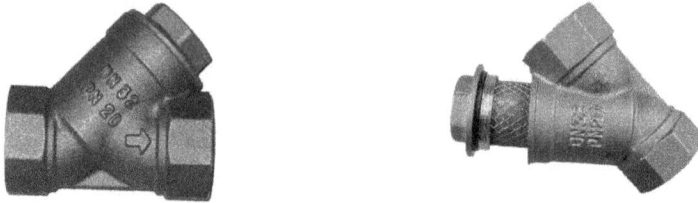

Figura 2.56. Filtros de asiento inclinado

Estos filtros se dimensionan según el tamaño de la válvula de corte a la que están asociados (los filtros siempre van acompañados por una válvula para poder realizar las labores de limpieza del mismo).

• **Filtro de anillas**: el elemento filtrante de este tipo de filtros es un cilindro o cartucho de anillas. Si bien su aplicación práctica es la misma que los filtros de malla, habitualmente se emplean para filtraciones más intensas, teniendo niveles de filtración mucho mayores. El filtro de anillas de **120 mesh** recoge todo lo que podría obstruir un gotero (la pieza más sensible a la suciedad del sistema de riego). Así pues, en sistemas de riego, se reserva su utilización para el filtrado de sistemas de riego por goteo.

Figura 2.57. Filtro de anillas 1" y detalle de apertura

Figura 2.58. Filtro de anillas ¾" y detalle del elemento filtrante (anillas)

Los filtros de anillas se dimensionan según el caudal que deben filtrar. Para ello se deben utilizar los datos proporcionados por el fabricante. A modo orientativo se presenta la siguiente tabla:

Filtro	Mesh	Caudal máximo
¾"	40–140	$4 \ m^3/h$
1"	40–140	$6 \ m^3/h$
1 ½"	40–140	$8 \ m^3/h$
2"	40–140	$25 \ m^3/h$

Debido a que los cartuchos de anillas de 120 mesh son muy tupidos, es aconsejable la instalación aguas arriba de un filtro con menor capacidad filtrante para retener los elementos más gruesos y evitar la rápida obturación del filtro de anillas por dichos elementos. Se trata de una filtración en dos fases.

Para una rápida identificación del cartucho de anillas existe un código de colores que facilita las labores de mantenimiento.

Mesh	Micrones (μm)	Código de colores	Adecuado para
200	75	Verde	Filtración industrial
140	105	Negro	
120	130	Rojo	Riego localizado
80	180	Amarillo	Aspersión
40	420	Azul	

- **Filtro de fundición**: los filtros de fundición (conocidos coloquialmente como "cazapiedras") se utilizan en grandes conducciones. Vienen recubiertos como cualquier elemento de fundición, con una capa protectora de epoxi, y el acceso al elemento filtrante ya no es roscado como en los anteriores, sino por medio de tornillos.

Los elementos filtrantes pueden variar según las necesidades de pureza del agua, siendo normalmente rejillas con un paso de agua variable. Su uso principal es la cabecera de sistemas de riego con agua proveniente de albercas, estanques, etc.

Estos filtros se dimensionan en función del tamaño de la conducción, estando directamente relacionado con el caudal que es capaz de admitir.

2.7 PROGRAMADORES

La automatización de los sistemas de riego permite por un bajo coste regular los tiempos de riego, reduciendo la mano de obra y limitando el consumo de agua. Existen dos tipos de sistemas de automatización:

El **sistema de automatización por volúmenes**, que se basa en la programación del riego según el volumen de agua que se quiere aportar. Es el más exacto en cuanto a cubrir las necesidades de las plantas, pero apenas se utiliza debido al requerimiento de un programador muy complejo y a la necesidad de utilización de válvulas volumétricas (en desuso).

El **sistema de automatización por tiempos** es el más extendido, por ser mucho más intuitivo, cómodo y fácil de manejar. El encargado de la programación simplemente debe elegir la hora de inicio de riego y el tiempo de riego.

Dentro de la automatización por tiempos, se pueden distinguir varios tipos de programación:

- **Sistemas autónomos de programación**: existen varios programadores en la instalación, uno por cabezal de riego. Estos programadores funcionan a pilas y no necesitan cableado, se sitúan normalmente junto a las electroválvulas. Todos son resistentes a la humedad y a la intemperie (IP65-68). Para las electroválvulas se necesita un solenoide especial llamado *latch* o de impulsos, pues el programador sólo manda un impulso para abrir y otro para cerrar, ya que es inviable enviar una corriente eléctrica constante con una pila (problema de duración).

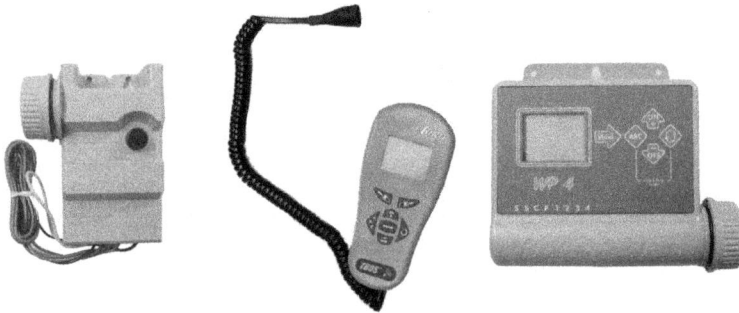

Figura 2.59. Programador autónomo

- **Sistemas centralizados de programación**: solo habrá un programador para la instalación. Las electroválvulas estarán conectadas al programador mediante cableado, cada electroválvula recibe un cable diferente de sector más otro que es común para todas. El programador abrirá las electroválvulas mediante una corriente eléctrica de 24 V (AC). Cuando cese la corriente, la electroválvula se cerrará. El programador se alimenta con corriente a 230 V y existen modelos de interior y modelos para intemperie.

Figura 2.60. Programador centralizado

- **Sistema de programación de dos hilos**: este sistema de programación centralizado se basa en la utilización de un único cable con dos conductores que pasa por todas y cada una de las electroválvulas, está concebido para instalaciones de gran tamaño. El programador emite por el cable una señal codificada, dicha señal llega hasta un aparato llamado decodificador que se coloca junto a la electroválvula.

En este sistema de programación es necesaria la instalación junto a la electroválvula de un aparato llamado decodificador.

El programador acompaña una señal codificada junto con la señal eléctrica para la apertura del solenoide. La señal codificada solo la reconoce un decodificador de toda la instalación. Esto es así debido a que cada decodificador posee un número de identificación irrepetible marcado en fábrica.

El decodificador interpreta la señal y permite o impide el paso de la corriente al solenoide de la electroválvula.

Los decodificadores están encapsulados y son resistentes a la inmersión, para poder ser instalados en las arquetas junto a las electroválvulas.

Existen modelos para una y para varias electroválvulas, reduciendo así el número de decodificadores necesarios en colectores múltiples.

En el proceso de instalación del programador, se programan los números de serie de los decodificadores junto con el número de fase de riego que alimentan. A este proceso se le conoce frecuentemente como "bautizo".

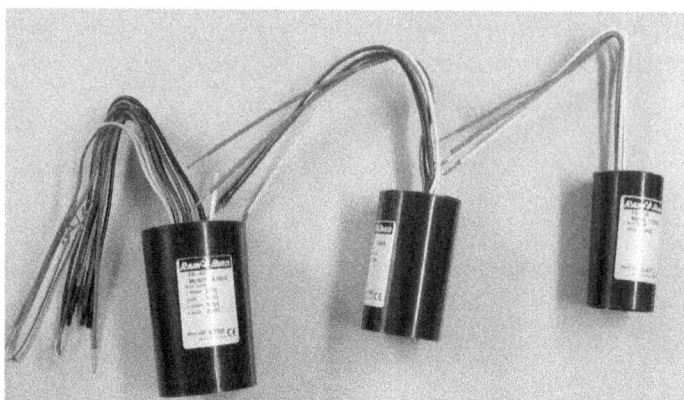

Figura 2.61. Decodificadores

La ventaja del sistema de dos hilos frente a los otros sistemas es la facilidad de su instalación y montaje en sistemas con muchos sectores; un único cable con solo dos conductores que recorre todos los cabezales de riego es mejor que un cable con múltiples conductores o muchos programadores autónomos, cuya programación es mucho más tediosa. Además es un sistema fácilmente ampliable mediante la prolongación del cable.

El sistema alimenta al decodificador con 36 V (AC), y se suele emplear cable de sección 2,5 mm^2 hasta una distancia de ramal de 2,5 km (con secciones menores y longitudes mayores la señal pierde calidad y voltaje provocando problemas en la apertura y cierre de fases).

El sistema de dos hilos se utiliza en grandes zonas verdes, parques, campos de golf…

• **Sistemas de programación centralizados**: mucho menos comunes son los sistemas de programación que funcionan sin cables. Para ello utilizan sistemas inalámbricos tipo GSM o de radio para conectar un programador central con programadores satélite que, estos sí, se conectan mediante cableado con la electroválvula. Se emplea en superficies muy extensas o en varias zonas distantes entre sí.

Los sistemas de programación más extendidos son el autónomo y el sistema centralizado. La elección entre uno u otro sistema de programación varía con cada proyecto y necesidades. En algunos casos será necesaria incluso la mezcla de ambos.

La ventaja del sistema centralizado es la posibilidad de poder cambiar toda la programación desde el mismo punto con el consiguiente ahorro en tiempo y mano de obra.

La ventaja del sistema autónomo es la viabilidad de poder automatizar zonas sin electricidad o por las que no se puedan extender cables por impedimentos constructivos.

Comparativa	Centralizado	Autónomo
Facilidad de programación	Programación sencilla en un único punto	Programación compleja. Necesidad de ir físicamente a todos los programadores
Problemas por coincidencia de fases en el tiempo	Riego secuencial. No hay problemas por coincidencia de fases	Necesidad de planificación cuidadosa de la secuencia de arranques entre programadores
Versatilidad de sensores	Sí, con una única ubicación de los sensores	Sí, pero los sensores deben estar en todas las ubicaciones
Funciones de programación	Programador más completo	Programador más limitado en funciones
Presupuesto	Normalmente más económico	Normalmente más costoso
Indicado	Para todo tipo de lugares	Indicado para lugares sin posibilidad de instalación de cableado o sin corriente eléctrica

FUNCIONES EN LOS PROGRAMADORES

Tanto los programadores autónomos como los centralizados disponen de una serie de funciones mínimas:

- **Calendario y hora**: todos los programadores disponen de programación según la hora y el día de la semana. Al instalarlos es necesario introducir fecha y hora. Algunos incorporan también un calendario mensual e incluso anual.

- **Días de riego**: esta función permite la posibilidad de elegir en qué días se anula o se confirma el riego. Esto es especialmente útil para conseguir que riegue días alternos, o cada tres días, o que no riegue festivos, o que no riegue el día anterior a la siega.

- **Horas de inicio**: todos los programadores incorporan esta función mediante la cual se determina el momento en el que se inicia el riego. Al llegar la hora elegida el riego comenzará por el primer sector y al finalizar ese sector continuará con los siguientes de forma secuencial. Además, existe la posibilidad de varios arranques diarios (el número varía según el programador) para que pueda realizarse más de un riego al día. Es frecuente repartir el riego en varias fases al día para mejorar la absorción del agua por parte de la planta.

- **Tiempo de riego**: en la inmensa mayoría de los programadores se introduce el dato de duración del riego. El tiempo de riego será el mismo para todos los arranques diarios. Menos habituales son los programadores que en vez de pedir el tiempo de riego, piden hora de inicio del riego y hora de final de riego.

- **Arranque manual**: todos los programadores permiten una apertura manual del riego tanto de cada uno de los sectores como de un ciclo de riego completo. Se utiliza para riegos de refuerzo y para pruebas del sistema.

- **Apagado del riego**: con esta función se "apaga" la programación, sin borrarla, hasta que se vuelva a "encender" en el programador. Es particularmente útil para detener los riegos en invierno.

Además de estas funciones, muchos programadores tienen más, entre las que destacan las siguientes:

- **Conexión a sensores**: existen muchos tipos de sensores que se pueden conectar a un programador para conseguir un aprovechamiento del agua más eficiente. Los más comunes son sensores de lluvia, de helada, de viento, de humedad del terreno, de la capacidad de campo, sensores volumétricos, estaciones meteorológicas…

- **Ajuste porcentual (%) del tiempo**: a lo largo del año, las necesidades de agua de las plantas van variando. Esto significa que el encargado del manejo de la instalación de riego deberá ir modificando el tiempo de riego de todas las estaciones. Gracias al ajuste porcentual del tiempo, se puede ajustar el tiempo de todas las estaciones de riego a la vez, permitiendo ajustes que suelen ir desde un 200% del tiempo programado hasta el 0%.

- **Retraso por lluvia**: con esta función se logra detener el riego durante un número de horas o días determinado. Está pensado para evitar un riego innecesario debido a un período de lluvias, aunque también puede utilizarse para evitar que riegue en los próximos días.

- **Arranque de bomba**: algunos programadores tienen una salida para enviar una señal eléctrica a un relé encargado de arrancar una electrobomba y mantenerla en funcionamiento mientras dura el riego. Es la misma salida que la que permite la instalación de una electroválvula maestra (válvula que mantiene sin agua la instalación cuando no está en uso).

Cabe destacar la existencia de un tipo más de programador, los **programadores de grifo**. Estos programadores, de categoría no profesional, tienen la electroválvula incorporada y se conectan directamente al grifo. Su utilización debería estar limitada a sistemas de riego muy básicos y nunca puede instalarse en arquetas debido a su falta de estanqueidad. La programación suele ser complicada y con muy pocas funciones. Además, no toleran las heladas y dan problemas en el cierre con carga baja de batería.

Figura 2.62. Programadores de grifo

2.8 ARQUETAS

Las arquetas son registros, que se emplean para dejar en un sitio revisable ciertos piecerios de control y conexiones importantes. Las arquetas es el lugar donde se registran todas las válvulas y se conexiona la tubería principal con la secundaria, es decir, donde se sitúan los cabezales de riego. Aunque se pueden hacer con fábrica de ladrillo, lo más usual es utilizar arquetas prefabricadas.

No existe ningún tipo de normativa en la fabricación de arquetas de aplicación para riego, por lo que no hay tamaños normalizados, ni tampoco nada acerca de la resistencia que deben tener. Es por ello que se deben tener ciertas precauciones a la hora de seleccionar las arquetas que hay que instalar, pues algunas no cumplen con un mínimo de calidad, y dan problemas de roturas por falta de resistencia.

Se comercializan arquetas de todos los tamaños y materiales, siendo preferibles las de fibra de vidrio por ser más resistentes. El tamaño debe ser el suficiente para que quepa el cabezal y se pueda manipular con posterioridad.

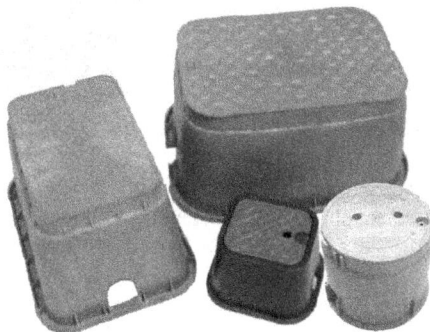

Figura 2.63. Arquetas prefabricadas

En la medida de lo posible se debe evitar cortar la arqueta para la entrada y salida de las tuberías; al contrario, las tuberías deben ir justo por debajo de la arqueta, por lo que será necesario que las tuberías en la zona donde se va a instalar la arqueta vayan enterradas a la profundidad suficiente. De esa manera se consigue por un lado que el cabezal de riego esté más protegido frente a heladas y por otro que la arqueta tenga la mayor resistencia posible.

Los tamaños más usuales son:

Arqueta	Tamaño aproximado (en cm)
Arqueta de registro	27 x 24 x 17,5
Arqueta redonda	$\emptyset_{inf}$ 34 x $\emptyset_{sup}$ 29 x 26,5
Arqueta estándar	50 x 36 x 31
Arqueta Jumbo	61 x 43 x 31,5

2.9 CABLE

El cable sólo se utilizará en el caso de tener un sistema centralizado de programación y en programadores autónomos con prolongación de línea. Para los sistemas de riego se necesita cable para exterior, tipo RV-K con aislamiento de 0,6/1 kV. No es necesario que vaya canalizado con tubo corrugado y se suele extender por la misma zanja que la tubería principal (por debajo de ella, para la protección del cable).

Pueden utilizarse cables simples o múltiples. En el caso de múltiples hay varios conductores unidos y protegidos por una funda aislante.

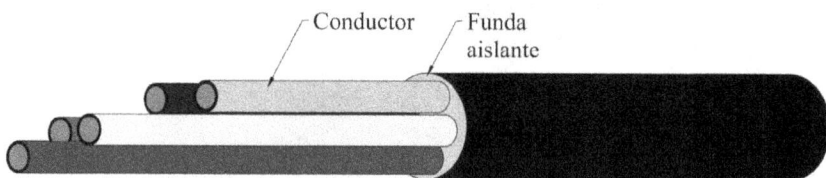

Figura 2.64. Detalle cable de múltiples conductores

La sección de los conductores dependerá de la longitud de cable que haya que tender desde el programador hasta las electroválvulas, debido a la pérdida de tensión por la resistencia del cable. Por ello, para tiradas largas será necesario utilizar cables con conductores de mayor sección.

Para dimensionar la sección de conductores necesaria, se emplea la ecuación de sección para instalaciones monofásicas (tanto para 24 V (AC) como 9 V (CC)):

$$S = \frac{2 \cdot D \cdot C}{56 \cdot \delta \cdot T}$$

S: Sección necesaria en mm^2.

D: Distancia de programador a electroválvula más alejada en m.

C: Consumo del solenoide en vatios, normalmente 7 W.

δ: Pérdida de tensión en %, normalmente 5%.

T: Tensión de la instalación en voltios, (24 V o 9 V según programador).

56: Coeficiente de conductividad del cobre.

Capítulo 3

TIPOS DE SISTEMAS DE RIEGO. DISPOSICIÓN DE EMISORES

En el presente capítulo se explican en detalle los principales sistemas de riego existentes que son aplicables al riego de parques y jardines, así como la colocación y posicionamiento de los emisores de cada uno de los tipos.

3.1 RIEGO POR ASPERSIÓN. POSICIONAMIENTO DE LOS ASPERSORES Y DIFUSORES

Se considera que un sistema de riego es por aspersión cuando los emisores utilizados son aspersores o difusores. La elección de un tipo de emisor u otro dependerá del tamaño de la zona que hay que regar. Los difusores son apropiados para zonas de reducido tamaño, mientras que los aspersores son más adecuados para extensiones mayores. Además del criterio de dimensiones, existen otros aspectos importantes a la hora de seleccionar el emisor (ver capítulo 2).

Este sistema de riego es adecuado para el riego de praderas y céspedes, si bien puede utilizarse para el riego de otras plantaciones como arriates de flor, arbustos, tapizantes...

La fase de colocación de emisores es de suma importancia y en ella se debe emplear el tiempo necesario; una incorrecta colocación de emisores condicionará la calidad de la instalación de riego, así como su uniformidad.

A continuación se va a desarrollar un ejemplo especial para clarificar el procedimiento que hay que seguir para el correcto posicionamiento de los aspersores y difusores. De este modo, se parte de un plano de plantación de una vivienda unifamiliar.

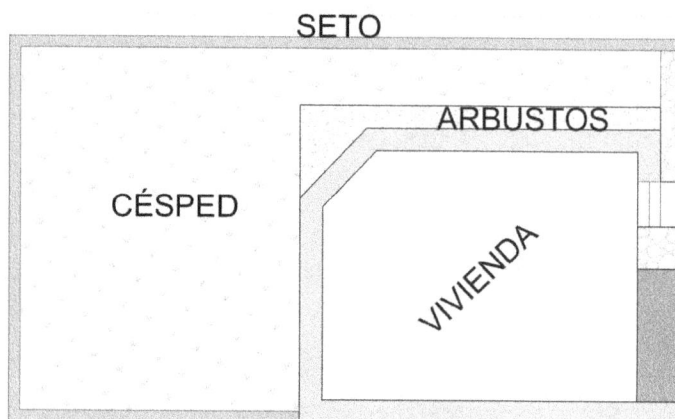

Figura 3.1. Plano de plantación

Regla de oro
No se pueden mezclar aspersores y difusores en el mismo sector de riego debido a que son emisores con diferente pluviometría, lo que conlleva que haya una uniformidad de riego muy reducida.

Se aplican las mismas reglas para el posicionamiento de aspersores y difusores. El posicionamiento es una de las partes más importantes del proyecto, pues de ella dependerá que el riego sea eficiente y efectivo.

En la mayoría de los casos hay más de una solución de posicionamiento para cada proyecto, pero lo importante es llegar a una buena solución de cobertura de riego.

MÉTODO PARA EL POSICIONAMIENTO EN RIEGO POR ASPERSIÓN O DIFUSIÓN

- **Paso 1**: Definir qué zonas no se pueden mojar

    Dentro de toda zona ajardinada siempre hay zonas que no se deben mojar, como son las edificaciones (se producen problemas de humedad), caminos, aceras, cuadros eléctricos, esculturas...

    Con cierta frecuencia se observan caminos que son mojados innecesariamente por el riego, fruto de una mala planificación del riego. El problema no solo abarca los derivados de la peligrosidad de un pavimento mojado para los viandantes, o la formación de barro, que hace impracticable o molesto el tránsito, sino que además se elevan los costes de mantenimiento debido a la aparición de malas hierbas, cárcavas y pasos improvisados para evitar las zonas encharcadas.

También es frecuente la aparición de caminos y vías nuevas en zonas con riego por aspersión. Será necesaria en estos casos la modificación del sistema de riego.

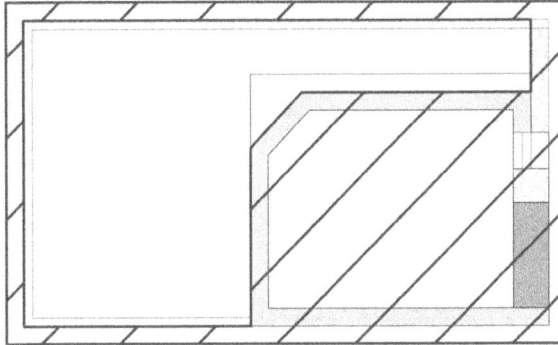

Figura 3.2. En rayado, zonas no mojables

- **Paso 2**: **Características de los emisores**

Las características de cada emisor son proporcionadas por el fabricante, y en el momento de colocar los aparatos hay que basarse en esos datos. Conviene tener en cuenta que los datos que proporciona el fabricante están obtenidos en condiciones de laboratorio, en ausencia de viento, y no se corresponden con la realidad. No obstante, al instalarlo, es beneficioso reducir un poco el alcance máximo para de esa manera "romper el chorro" y dar un riego más uniforme en toda su longitud. Es por ello que los datos de alcance que proporciona el fabricante deberán ser reducidos un 30% en concepto de ajuste a las condiciones reales.

En la siguiente tabla se disponen los datos ya corregidos para un emisor tipo (el anteproyecto se puede enfocar con estos datos, y en la fase de proyecto y obra dichos datos se asemejarán a una boquilla comercial):

Emisor	Alcance	Caudal
Aspersor bajo	4–7 m	≈ 8 l/min
Aspersor medio	6–10 m	≈ 12 l/min
Difusor tobera 8 (180°)	2 m	≈ 5 l/min
Difusor tobera 10 (180°)	2,5 m	≈ 5 l/min
Difusor tobera 12 (180°)	3 m	≈ 6 l/min
Difusor tobera 15 (180°)	3,5 m	≈ 7 l/min
Difusor tobera 17 (180°)	4 m	≈ 8 l/min

- **Paso 3**: **División de la zona que hay que regar en polígonos**

    A fin de facilitar la tarea de colocación de los aspersores, se debe intentar dividir la zona que hay que regar en polígonos regulares (a ser posible rectángulos). De esta manera se tratarán los rectángulos como zonas independientes que hay que regar, simplificando la tarea.

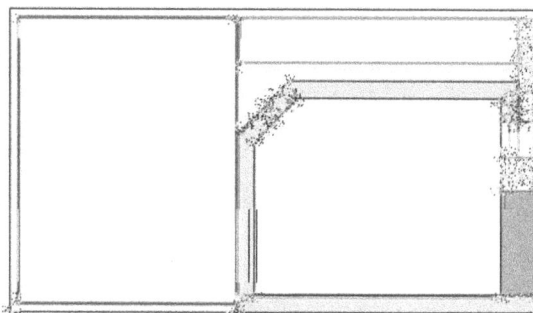

Figura 3.3. División de la zona de riego en dos rectángulos

Regla de oro
Tanto los aspersores como los difusores tienen una baja pluviometría en las proximidades de ellos. Es por ello que es imprescindible realizar un **solape** de los emisores. Cada aparato debe ser regado por otros dos aparatos para que la cobertura y uniformidad del riego sea adecuada.

- **Paso 4**: **Colocación de los emisores en las esquinas y puntos de inflexión**

    Los primeros emisores que se colocan son los situados en las esquinas y en los puntos de inflexión de los polígonos. Con toda probabilidad será necesaria la instalación de un emisor para no producir rebasamientos. Éstos resultan imprescindibles para realizar el solapamiento necesario con los demás emisores.

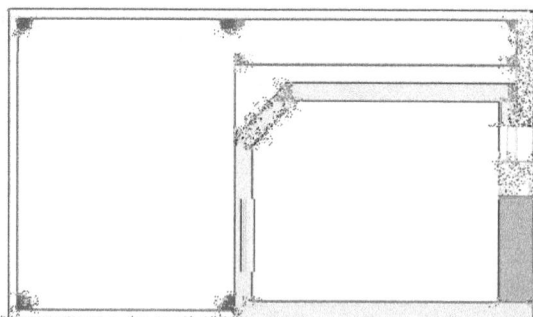

Figura 3.4. Aspersores representados en color azul, y difusores en rojo

Como se puede observar, hay un punto con dos emisores. Ambos emisores tienen alcances diferentes y por tanto serán instalados uno junto al otro, regando cada uno hacia su lado.

Figura 3.5. Dos aspersores juntos en zona de inflexión

- **Paso 5**: **Colocación de los emisores en laterales**

Se colocan aparatos en los bordes de los polígonos, entre los que se colocaron en las esquinas y puntos de inflexión.

Para ello, se mide la distancia que hay entre las dos esquinas y se divide entre el alcance óptimo del aspersor o difusor que corresponda, o la anchura (si es menor que el alcance óptimo).

Emisor	Alcance óptimo
Aspersor bajo alcance	6,5 m
Aspersor medio alcance	8,5 m
Difusores	3,5 m

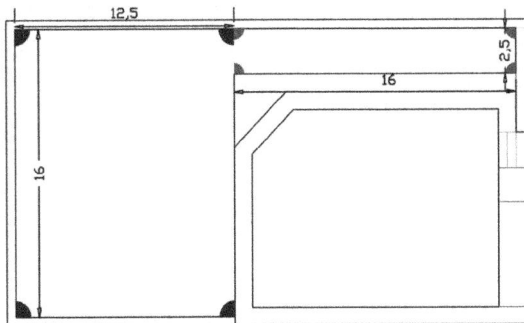

Figura 3.6. Plano acotado

En el ejemplo se tiene un primer rectángulo con dos lados de 16 m y otros dos de 12,5 m. Con estas dimensiones lo habitual es seleccionar un aspersor de alcance medio. Para los lados de 16 metros se prueba con aspersores de medio alcance aplicando la fórmula:

$$N^o\ Emisores = \frac{Longitud\ a\ cubrir}{Alcance\ óptimo\ emisor} + 1$$

16/8,5 = 1,88 aspersores ➜ 2 aspersores (más el de la esquina)

Para averiguar la distancia a la que están los aspersores, basta con dividir la longitud total (16 m) entre el número de aspersores (2):

$$Alcance\ real\ emisor = \frac{Longitud\ a\ cubrir}{N^o\ emisores}$$

16/2 = 8 metros

Esto significa que se pondrán aspersores de medio alcance con distancia de 8 m.

Ahora se realiza la misma operación para los lados cortos del rectángulo (12,5 m).

12,5/8,5 = 1,47 aspersores ➜ 2 aspersores

12,5/2 = 6,25 metros

En este caso y con ese alcance podrían utilizarse aspersores de corto alcance. Sin embargo, tienen una pluviometría diferente, además de complicar el montaje y posterior mantenimiento, por lo que no se suelen mezclar aspersores de diferentes modelos (aunque técnicamente es posible mezclarlos, no es frecuente por los problemas mencionados). Es por ello que se utilizarán aspersores de medio alcance utilizando la boquilla de alcance bajo. En cualquier caso, se recuerda que sería posible mezclar emisores siempre que tengan una pluviometría similar.

Se prosigue ahora con el otro rectángulo, la franja estrecha de dimensiones 16 metros por 2,5 m. Aquí no se podrán utilizar aspersores, debido a que su alcance mínimo es superior a 2,5 m. Para la elección del aparato hay que basarse en la dimensión menor (2,5 m). Así pues, se utilizarán difusores con tobera 10.

16/2,5 = 6,4 difusores ➜ 7 difusores

16/7 = 2,29 metros

Se pondrán los difusores con alcance de 2,29 metros. Un caso especial son los difusores de las esquinas, para que se puedan solapar con otros dos difusores necesitan tener un alcance de 2,5 metros.

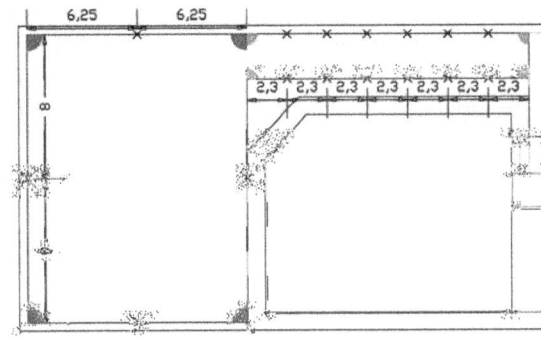

Figura 3.7. Distribución de aspersores y difusores

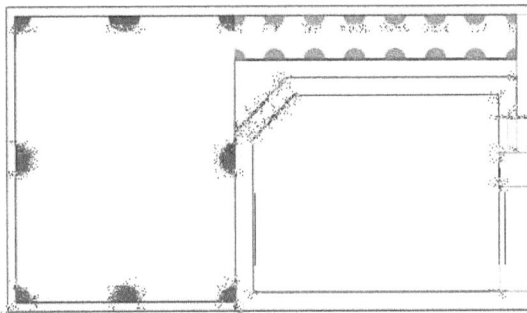

Figura 3.8. Colocación de aspersores y difusores

- **Paso 6**: **Comprobación del solapamiento de los emisores**

Una vez situados los emisores alrededor de toda la zona de riego, hay que comprobar si quedan zonas sin regar y que todos los emisores tengan un correcto solape (ser mojados por otros dos). Para ello se trazan las áreas de riego (una vez adquirida la suficiente experiencia, esta operación no será necesaria).

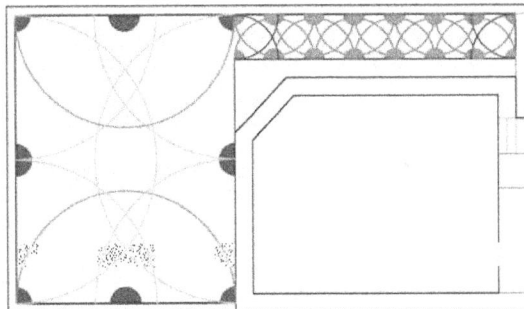

Figura 3.9. Rojo: 2,3 m; Azul: 2,5 m; Verde: 8 m; Magenta: 6,25 m

En rojo, se ha marcado el área de cada uno de los difusores. Los arcos azules de los difusores de los extremos son ligeramente mayores que los arcos rojos. Significa que esos difusores tendrán mayor alcance para que el solape de los difusores de las esquinas sea el correcto. En cuanto a la zona de los aspersores, los alcances de color verde son mayores que los de magenta, cubriendo así la totalidad del terreno.

Todos los aspersores son mojados por otros dos, de forma que el solape es correcto.

- **Paso 7**: **Los emisores de relleno**

Una vez situados los emisores, pueden quedar zonas sin regar en la zona central o alguno sin ser mojado por dos aspersores. Se situarán emisores en esa zona teniendo que cumplirse siempre la regla del solapamiento.

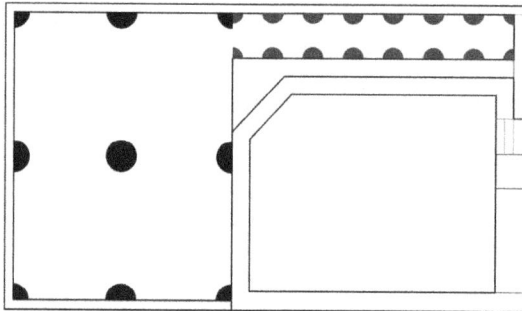

Figura 3.10. Emisores de relleno

En el ejemplo la totalidad del terreno está cubierta, pero se puede observar que hay zonas que reciben menos agua que el resto, disminuyendo la uniformidad. Por ello se añade un aspersor más en la zona central. Como consejo, cabe decir que siempre es preferible instalar un emisor de más que posteriormente se puede eliminar. La situación contraria tendrá una solución más compleja y costosa.

CASOS ESPECIALES DE RIEGO POR ASPERSIÓN Y DIFUSIÓN

Es bastante común encontrarse con zonas a regar curvas, estrechas, con esquinas o con elevada pendiente, que requieren una colocación de emisores determinada para evitar zonas encharcadas o con escasa pluviometría.

- **Zonas curvas**: las zonas curvas resultan particularmente difíciles de regar debido a que es prácticamente imposible no mojar zonas fuera de la zona de riego, lo que se conoce como rebasamiento.

A modo explicativo se expone un ejemplo específico con el fin de verlo de forma más aplicada. Se va a diseñar la instalación de un sistema de riego en una rotonda de 20 m de diámetro que lleva césped en su totalidad, salvo en un círculo interior de 5 m situado en su centro, donde se plantará un árbol con menores necesidades hídricas que el césped.

Las zonas que no se pueden regar se marcan en rojo.

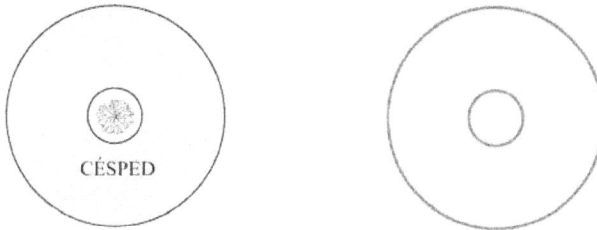

Figura 3.11. Plano de plantación y zonas no mojables

Como en el ejemplo anterior, los datos de los emisores son:

Emisor	Alcance	Presión de funcionamiento óptima	Caudal
Aspersor bajo	4–7 m	3 a 3,5 atm	≈ 9 l/min
Aspersor medio	6–10 m	3 a 3,5 atm	≈ 13 l/min
Difusor tobera 8	2 m	3 a 3,5 atm	≈ 5 l/min
Difusor tobera 10	2,5 m	3 a 3,5 atm	≈ 5 l/min
Difusor tobera 12	3 m	3 a 3,5 atm	≈ 6 l/min
Difusor tobera 15	3,5 m	3 a 3,5 atm	≈ 7 l/min
Difusor tobera 18	4 m	3 a 3,5 atm	≈ 8 l/min

Y como datos de proyecto se utilizarán (en el terreno se adaptarán las boquillas a las distancias reales que hay que cubrir):

Emisor	Alcance óptimo
Aspersor bajo alcance	6,5 m
Aspersor medio alcance	8,5 m
Difusores	3,5 m

> **Regla de oro**
>
> En sistemas de riego con límites curvos se aconseja disminuir los alcances para producir rebasamientos menores.

Al no tener esquinas, se pondrá un emisor al azar en cualquier punto del perímetro exterior, que servirá de referencia. Se calcula el perímetro exterior de la rotonda mediante la fórmula del perímetro de la circunferencia.

$P = 2 \times \pi \times R = 2 \times \pi \times 20 = 125,6$ m

Ahora se divide el perímetro entre el alcance óptimo del aspersor, que es 8,5 m.

$$N° \, emisores = \frac{Perímetro}{Alcance \, óptimo \, emisor}$$

125,6/8.5 =14,77 aspersores ≈15 aspersores con una distancia de (125,6/15) 8,4 m entre ellos.

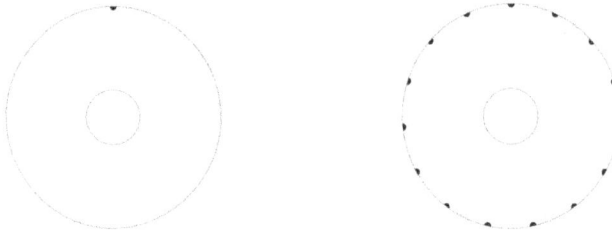

Figura 3.12. Colocación de aspersores

Si los aspersores se ajustan hasta los aspersores contiguos, aparecen dos zonas que no tienen riego.

Si los aspersores giran formando un ángulo de 180°, se produce un rebasamiento. Dependiendo de lo que rodee a la rotonda, se permitirá ese rebasamiento o no. En el caso de rotondas urbanas que estén rodeadas por calzada, hay que evitar mojar el exterior en la medida de lo posible (para ello, muchas rotondas suelen tener un anillo exterior sin césped con algún tipo de áridos, parterres de flor, arbustos... para que se pueda rebasar sin problema y evitar así tanto mojar directamente la calzada como indirectamente por escorrentía).

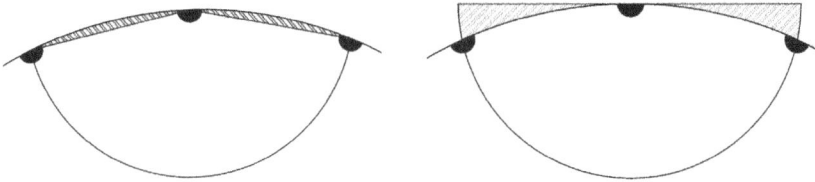

Figura 3.13. A la izquierda se observan las zonas que se quedan sin riego con ángulo inferior a 180°. A la derecha el rebasamiento

Para minimizar el rebasamiento (si fuese necesario) se puede emplear una práctica que consiste en reducir el radio de alcance de los aspersores, aumentando su número. De esa manera se consigue un riego más eficiente, aunque necesita un mayor número de emisores. En vez de 15 aspersores se instalarán por ejemplo 20 aspersores con una distancia entre ellos de 6,3 m.

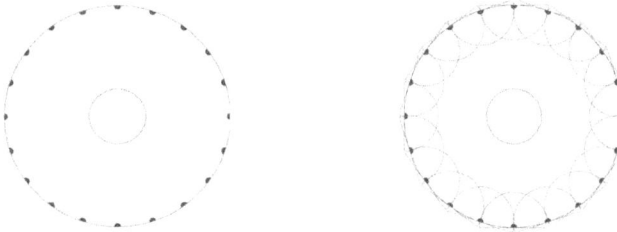

Figura 3.14. Recolocación para evitar el rebasamiento

El riego por el círculo interior será con difusores debido a su pequeño tamaño. Los difusores tienen en este caso un rebasamiento hacia el interior.

$P = 2 \times \pi \times R = 2 \times \pi \times 5 = 31,4$ m

Ahora se divide el perímetro entre el alcance óptimo del difusor, que es 3,5 m.

$31,4/3,5 = 8,97$ difusores ≈ 9 difusores con una distancia de 3,5 m entre ellos.

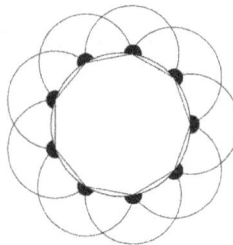

Figura 3.15. Riego en la zona central

Para reducir el rebasamiento de los difusores se podría aumentar el número de ellos que hay que instalar reduciendo su alcance.

Por último, quedan los emisores de relleno, en el ejemplo aspersores. Se colocan en la zona media de la rotonda cumpliendo siempre la necesidad de ser solapados por al menos dos emisores y no mojar el exterior.

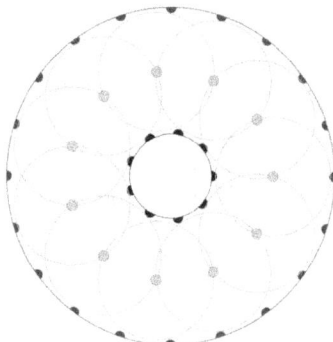

Figura 3.16. Emisores de relleno

- **Riego de zonas estrechas**: para el riego de zonas estrechas y de cara a reducir el número de difusores, se pueden utilizar toberas especiales de riego rectangular (ver capítulo 2, apartado toberas para difusores). Se trata de toberas con varios orificios que por su especial configuración son capaces de regar zonas estrechas y alargadas.

Figura 3.17. Tobera rectangular. Varios abanicos de agua con diferente alcance

A modo de ejemplo se va a diseñar una zona estrecha en la que se va a implantar césped. Se trata de una zona rectangular de 9 m x 1,5 m.

Si se realizase la instalación con difusores normales, serían necesarios 14 difusores para que haya un correcto solape de emisores. La distancia máxima entre los difusores es de 1,5 metros para evitar el rebasamiento.

9/1,5 = 6 difusores (más el de la esquina)

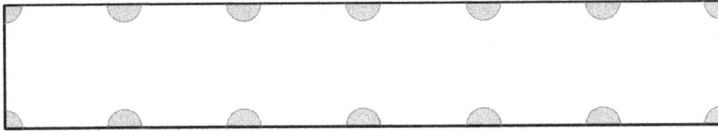

Figura 3.18. Riego con toberas estándar de marco circular

La alternativa a las toberas estándar con toberas rectangulares es más adecuada cuanto más alargada sea la zona estrecha. Utilizando las toberas de riego rectangular se puede reducir el número de difusores, ya que se ajustan mejor a las condiciones de la planimetría.

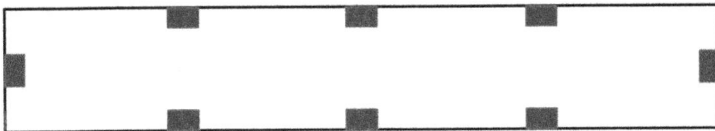

Figura 3.19. Riego con toberas de marco rectangular

Con las toberas rectangulares son necesarios 8 difusores, frente a los 14 de las toberas estándar. Eso implica no solo un menor número de emisores, sino también de válvulas, tuberías, zanjas…

En las siguientes tablas se observan los rendimientos hidráulicos para las toberas de riego rectangular.

Modelo de tobera	Presión Bar	Presión kPa	Ancho x Largo	Caudal m³/h	Caudal l/min	Modelo de tobera	Presión Bar	Presión kPa	Ancho x Largo	Caudal m³/h	Caudal l/min
LCS-515	1,0	100	1,2 m x 4,2 m	0,10	1,7		1,0	100	1,1 m x 4,2 m	0,10	1,7
▬	1,5	150	1,2 m x 4,3 m	0,13	2,1	**ES-515**	1,5	150	1,2 m x 4,3 m	0,13	2,1
Franja	2,0	200	1,5 m x 4,5 m	0,15	2,4		2,0	200	1,5 m x 4,5 m	0,15	2,4
esquina	**2,1**	**210**	**1,5 m x 4,5 m**	**0,15**	**2,5**	**Franja final**	**2,1**	**210**	**1,5 m x 4,5 m**	**0,15**	**2,5**
izquierda	2,5	250	1,5 m x 4,5 m	0,16	2,7		2,5	250	1,5 m x 4,5 m	0,16	2,7
RCS-515	1,0	100	1,2 m x 4,2 m	0,10	1,7	**CS-530**	1,0	100	2,2 m x 8,5 m	0,21	3,5
▬	1,5	150	1,2 m x 4,3 m	0,13	2,1		1,5	150	2,4 m x 8,5 m	0,25	4,2
Franja	2,0	200	1,5 m x 4,5 m	0,15	2,4		2,0	200	1,5 m x 9,0 m	0,29	4,9
esquina	**2,1**	**210**	**1,5 m x 4,5 m**	**0,15**	**2,5**	**Franja central**	**2,1**	**210**	**1,5 m x 9,0 m**	**0,30**	**5,0**
derecha	2,5	250	1,5 m x 4,5 m	0,16	2,7		2,5	250	1,5 m x 9,0 m	0,33	5,5
	1,0	100	2,2 m x 8,5 m	0,21	3,5	**SS-918**	1,0	100	2,4 m x 5,2 m	0,27	4,5
SS-530	1,5	150	2,4 m x 8,5 m	0,25	4,2		1,5	150	2,7 m x 5,5 m	0,33	5,5
▬	2,0	200	1,5 m x 9,0 m	0,29	4,9		2,0	200	2,7 m x 5,5 m	0,38	6,4
Franja lateral	**2,1**	**210**	**1,5 m x 9,0 m**	**0,30**	**5,0**	**Franja lateral**	**2,1**	**210**	**2,7 m x 5,5 m**	**0,39**	**6,5**
	2,5	250	1,5 m x 9,0 m	0,33	5,5		2,5	250	2,7 m x 5,5 m	0,43	7,1

Courtesy of Hunter Industries

Figura 3.20. Tablas de rendimientos hidráulicos de toberas de riego rectangular

- **Riego de esquinas**: para el riego en esquinas no se puede realizar un solape correcto sin tener un rebasamiento excesivo. Se suelen rebajar en estos casos los alcances en zonas próximas a la esquina y utilizar como emisores:

    - *Difusores con tobera de doble apertura*: gracias al doble chorro se consiguen riegos en las zonas próximas a los emisores y en las alejadas, compensando así la deficiencia de riego por el no solapamiento de los difusores.

    - *Aspersores próximos en la zona de la esquina*: si la esquina tuviera cierto tamaño sería conveniente la instalación de aspersores. Debido al amplio alcance de éstos, los rebasamientos son excesivos si se intenta realizar un solape normal. Para minimizar el mojado de las zonas perimetrales, se debe colocar un segundo aspersor a 1 metro del colocado en la esquina, realizando el solape sobre ese aparato. El aspersor colocado en la esquina no será solapado por ningún otro, si bien la falta de uniformidad afectará a una pequeña franja que se compensará por la escorrentía y la estrechez de la esquina.

Como se puede observar en la imagen, el aspersor colocado en la esquina tiene un alcance bajo. No es solapado por ningún otro, por lo que el tornillo de alcance debe ponerse muy bajo a fin de romper el chorro y que riegue lo más próximo posible. El aspersor verde es el que hará de esquina y es el que realiza el solapamiento con el siguiente aspersor. De esta forma se consigue minimizar el rebasamiento.

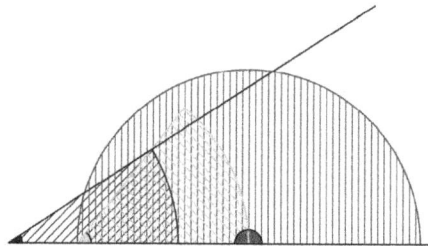

Figura 3.21. Colocación de aspersores en esquinas

- **Riego en zonas de elevada pendiente**: las zonas con elevada pendiente tienen dos problemas fundamentales de cara al riego por aspersión y difusión:

    - *La escorrentía* que se produce debido a la alta pluviometría de los emisores.

    - *La pérdida de uniformidad de riego*, pues el alcance es superior cuando el emisor riega hacia la parte más baja que hacia la alta.

Las soluciones a ambos problemas consisten en:

- Reducir el tiempo de riego para que el suelo pueda absorber el agua sin llegar a saturarse. Para compensar la reducción de tiempo de riego se aumentará el número de riegos al día.

- A la hora del replanteo, compensar la diferencia de alcance desplazando un poco los emisores, situándolos un poco más arriba. Si la pendiente es muy acusada, los emisores solo deben regar 210° hacia la parte superior de la pendiente para mejorar la uniformidad y compensar la escorrentía.

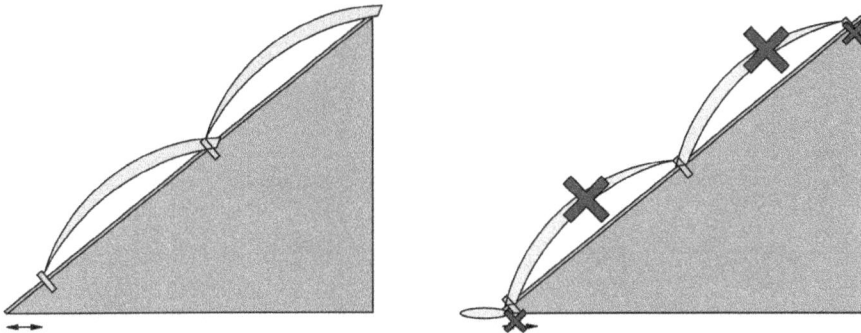

Figura 3.22. A la izquierda, un riego en pendiente correcto, con desplazamiento del emisor situado en la parte baja y riegos solo hacia la parte superior. A la derecha, un riego en pendiente incorrecto. El emisor de la parte baja no compensa la escorrentía, y los emisores riegan hacia las zonas inferiores

Figura 3.23. Línea de aspersores desplazada con posterioridad a la instalación. Antes de la actuación se inundaba la autovía adyacente

3.2 SISTEMAS DE RIEGO POR GOTEO

El riego por goteo más usual se realiza mediante una tubería de diámetro 16 mm con goteros integrados, aunque también es frecuente encontrar una tubería con goteros pinchados.

Usar una u otra opción depende de las distancias de plantación. En una plantación muy abierta, con las plantas a distancias mayores de un metro, se debe instalar una tubería con goteros pinchados para evitar un consumo innecesario de agua y la aparición de plantas adventicias. Para distancias menores (la mayoría de los casos), se obtienen mejores resultados con la tubería de goteo integrado.

- *Setos y borduras*: los setos y borduras se riegan mediante una única tubería de goteo o doble si el seto está asentado y es de gran anchura.

Figura 3.24. Riego con dos líneas de goteo en seto

- **Arbustos en grupos y parterres**: la tubería de goteo en estos casos se coloca en forma de parrilla, hay que tener en cuenta la distancia entre goteros y la distancia entre las líneas de goteo. Como ya se indicó, se trata de proporcionar humedad a una franja de terreno, no de regar las plantas de forma individual.

Se debe alimentar cada línea como máximo cada 100 metros lineales mediante una tubería de mayor diámetro (los fabricantes facilitan el dato exacto de longitud de ramal), aunque se aconseja que el número de alimentaciones sea numeroso para incrementar el grado de uniformidad en la distribución.

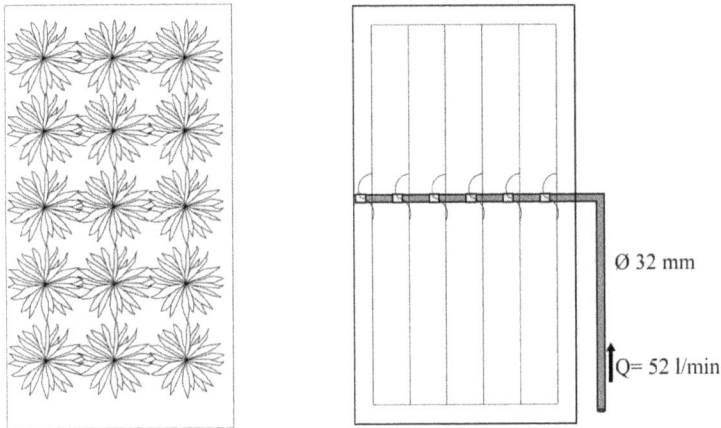

Figura 3.25. Forma de alimentación de goteo correcta

En la siguiente tabla se exponen las distancias máximas de tubería de goteo sin alimentación (entrada de agua):

Tubería Ø 16 mm con goteros autocompensantes		Longitud de ramal en terreno llano	
		Separación entre goteros	
Presión	Caudal	30 cm	50 cm
1,0 atm	2,2 l/h	47 m	73 m
1,5 atm	2,2 l/h	67 m	104 m
2,0 atm	2,2 l/h	80 m	124 m
2,5 atm	2,2 l/h	90 m	139 m

Para distancias superiores a las marcadas en la tabla debe utilizarse una tubería secundaria de diámetro superior desde la que se abastecerán de agua las tuberías de goteo.

También es conveniente cerrar las mallas para conseguir una mejor compensación del caudal y la presión dentro de la parrilla. Con esta medida se obtiene además una mejor sujeción de la tubería y una menor sensibilidad a las roturas.

- **Árboles y arbustos singulares de gran porte**: existen diversos sistemas de montaje para el riego de elementos vegetales singulares:

    - *Anillo de goteo*: sobre la tubería de distribución de agua se instalan tomas que alimentan un aro de tubería portagoteros con al menos cuatro goteros (el número de goteros depende de las necesidades de agua). El anillo de goteo se suele instalar en superficie (se puede enterrar, pero no es recomendable debido a los problemas de obturaciones). Por ello, es muy sensible al vandalismo. Además se ajusta mal al cepellón, con lo que en plantaciones jóvenes puede haber problemas de falta de riego (no es aconsejable para plantaciones si el cepellón es de menor tamaño que el anillo). La ventaja del anillo es que es el sistema más conocido y las reparaciones son relativamente sencillas.

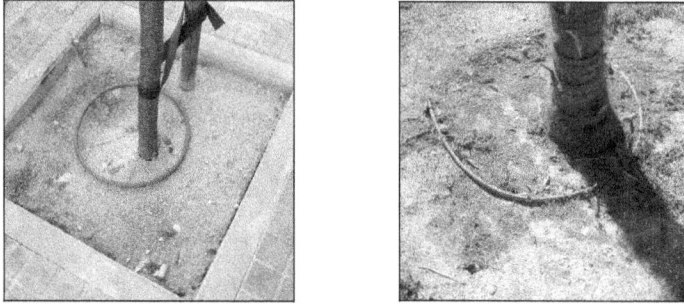

Figura 3.26. Dos sistemas de riego por goteo similares: anillo de goteo (izquierda) y cola de cerdo (derecha)

- *Riego mediante inundadores*: sobre la tubería de distribución de agua se instalan tomas que alimentan los inundadores, o bien se instalan sobre cuerpos de difusor. La ventaja de este sistema es que los inundadores proporcionan un alto caudal en poco tiempo. Su inconveniente es que los inundadores son un material poco tecnificado con un difícil control del agua, lo que reduce la uniformidad del riego y el control de la aplicación. Son aceptablemente antivandálicos.

- *Riego mediante goteros pinchables*: sobre la tubería de distribución de agua se instalan directamente goteros pinchables a los cuales se les inserta un microtubo para conducir el goteo a la zona de riego. Toda la instalación es enterrada, salvo una pequeña parte del microtubo que asoma en la superficie para poder revisar la aplicación de agua.

Figura 3.27. En la figura de la izquierda se observa un inundador en sistema de riego en profundidad. A la derecha, sistema de riego enterrado con goteros y microtubo

Entre las ventajas del sistema de goteros pinchados está que se pueden seleccionar goteros con diferentes características y caudales, como por ejemplo goteros autocompensantes y antidrenantes de 4 l/h; se puede variar la zona de goteo moviendo el microtubo, y por último el sistema, al ser enterrado, es antivandálico.

Como inconveniente está que las reparaciones son más laboriosas al ser una instalación enterrada.

3.3 RIEGO CON MICRODIFUSORES Y MICROASPERSORES

Estos emisores no están recomendados para jardinería pública por ser excesivamente llamativos y frágiles.

Son emisores que permiten riegos por pulverización y pequeños chorros, de forma que son capaces de cubrir pequeñas superficies y están especialmente indicados para el riego en invernaderos y umbráculos.

Cada emisor tiene unas características propias según el fabricante. Es necesario conocer el alcance, la presión necesaria para su funcionamiento y el consumo (caudal) de cada emisor para instalarlo. Siguen para su posicionamiento, aunque de forma menos estricta, las normas de los aspersores y difusores.

Figura 3.28. Microdifusores

Los microaspersores y microdifusores son emisores de riego localizado que trabajan a baja presión, por lo que será necesaria la instalación en la mayoría de los proyectos de válvulas reductoras de presión y filtros.

Capítulo 4

DISEÑO DEL SISTEMA DE RIEGO

Una vez conocidos los principios hidráulicos, conceptos y materiales necesarios para entender una instalación de riego, se explican en los próximos capítulos los pasos que tiene todo proyecto de diseño y dimensionamiento de un sistema de riego.

El proceso que hay que seguir en todo proyecto de riego consta de los siguientes pasos:

- **Comprobación de plano**, tanto planimetría de la zona como de las diversas zonas de plantación.

- **Estudio de las hidrozonas y disposición de emisores de riego**.

- **Estudio de la acometida de agua**.

- **Replanteo de emisores de riego** siguiendo las hidrozonas.

- **Sectorización o división en fases de riego**.

- **Trazado y dimensionamiento de la red de tuberías**.

- **Dimensionamiento de los cabezales de riego**.

- **Automatización de la instalación**.

- **Red de hidrantes**.

Para exponer el diseño de un sistema de riego se toma a modo de ejemplo una instalación de riego lineal, situada entre dos caminos peatonales.

En el terreno se lleva a cabo la toma de datos, así como el croquis con todos los elementos necesarios para la elaboración del proyecto.

4.1 TOMA DE DATOS

Antes de empezar con el diseño del sistema de riego es imprescindible obtener un plano fiable con un buen grado de detalle. En cualquier caso, es inevitable acudir a la parcela para tomar más datos de detalle, cotejar la planimetría y observar si existen elementos que no aparecen en el plano de plantación.

Con la recogida de datos y el plano de plantación se elaborará un croquis que servirá de base al plano de riego.

4.2 DATOS PRELIMINARES AL DISEÑO

Se debe realizar un croquis a partir del plano de la parcela objeto del estudio. Se tomarán los siguientes datos:

- **Correcciones planimétricas** de la red de caminos, edificaciones, lindes… en caso de ser necesarias.

- **Situación de las distintas zonas de plantación**. Para ello es necesario plantear las distintas **hidrozonas** o zonas con diferentes necesidades hídricas que hay en el jardín.

- **Situación de la toma de agua**. Además de determinar el lugar exacto de la toma de agua, se anotan los datos de caudal y presión estática.

- **Situación de la toma de corriente eléctrica**. Si el programador es centralizado, necesitará una acometida eléctrica. En caso necesario será ineludible una pequeña instalación eléctrica para la correcta protección e instalación del programador.

- **Situación del programador eléctrico**. Cuando la propiedad exige un programador centralizado, hay que definir claramente dónde requiere que sea instalado.

- **Situación de la obra civil**. Caminos, casetas, arquetas de registro, aceras… No solo estas construcciones no se pueden mojar, sino que además pueden dificultar el diseño del riego. Es importante conocer si hay acceso a todas las zonas que hay que regar a través de las obras civiles existentes o si será necesario realizar pequeñas rozas para la instalación de pasatubos para las canalizaciones.

- **Orientación de las diferentes hidrozonas**. Es un dato muy importante; las zonas con orientación norte son más sombrías y con menores necesidades de riego, por lo que no deberán mezclarse con zonas soleadas de cara a conseguir una mejor uniformidad de riego.

- **Elementos singulares**. Grandes rocas, árboles, arbustos, pérgolas… Todo lo que pueda influir a la hora de diseñar el sistema de riego.

Una vez recogidos todos los datos se expresan en el plano de trabajo, en el que se diseñará la instalación.

En el ejemplo que se desarrolla en este capítulo, al tratarse de una instalación existente en la que se pretende ampliar el sistema de riego en una zona de nueva plantación, es, por un lado, complicado tener un punto de medición de caudal, pero por otro es sencillo conocer el caudal de sectorización simplemente observando los sectores de riego ya existentes (ver anexo 2: estimación de caudal). En el presente caso, se obtiene un caudal de 130 l/min.

La presión estática se puede medir en algún hidrante existente, obteniéndose en este caso una presión de 6 atm.

Al tratarse de un ejemplo didáctico, se han buscado varios sectores de riego diferentes y se ha cuantificado la presión de funcionamiento y su caudal instantáneo, para poder trazar la curva de servicio de la acometida de agua en cuestión. Los datos obtenidos son:

	Presión	Caudal
Presión estática	6 atm	0 l/min
Presión dinámica	4 atm	130 l/min
	2,5 atm	190 l/min
	0 atm	255 l/min

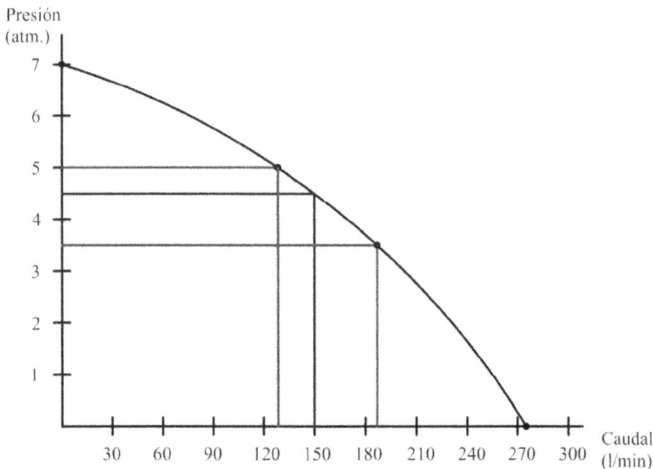

Figura 4.1. Curva de servicio

En el gráfico se observa cómo se puede pronosticar el caudal suministrado a una presión de interés para el sistema de riego que hay que instalar (línea azul). También se observa la relación inversa entre caudal y presión, al crecer uno, disminuye el otro.

4.3 DEL CROQUIS AL PLANO

Una vez que se dispone de un croquis completo de la zona que hay que regar, es el momento de hacer un plano a escala. El plano no solo es esencial para la realización del sistema de riego, sino que debe ser entregado al finalizar la obra para dejar documentada la instalación de forma que se facilite su posterior mantenimiento y conservación (plano As-built).

En el caso del ejemplo, se trata de un ajardinamiento lineal de césped, sin obstáculos en la parcela que hay que regar, pero con dos caminos perimetrales que obligarán a maximizar el cuidado para no rebasar los límites del terreno con el riego. La zona se sitúa dentro de un parque existente transformándolo desde la pradera natural.

La pradera adolece de un pequeño desnivel que influirá en la configuración del sistema de riego.

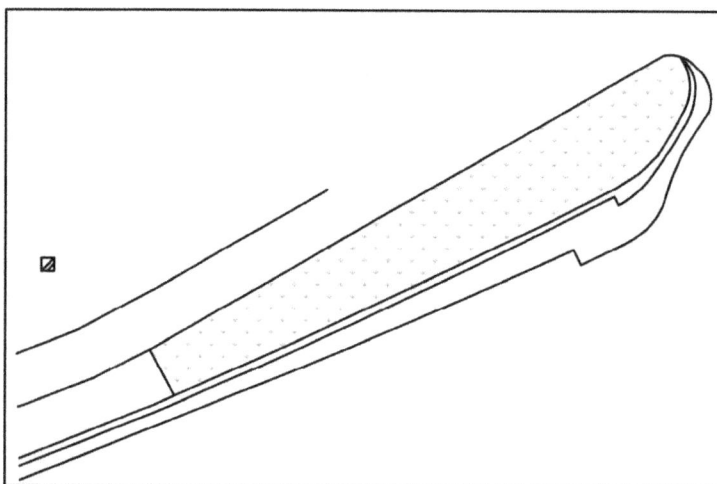

Figura 4.2. Plano de plantación

Las dimensiones de la pradera, medidas sobre el terreno, son de casi 74 metros de longitud por 11 metros en su parte más ancha y de algo más de 6 metros en la más estrecha. Con esta configuración se deberán usar aspersores de alcance medio.

La acometida parte de una toma de agua existente en el parque y que está comunicada con la pradera mediante un pasatubos instalado durante la construcción del camino adyacente. Se ha marcado la acometida mediante un cuadrado semirayado.

La automatización es existente y consiste en un programador central con sistema de 2 hilos con decodificadores en las arquetas de registro de las electroválvulas. El programador está a una distancia aproximada de 75 metros.

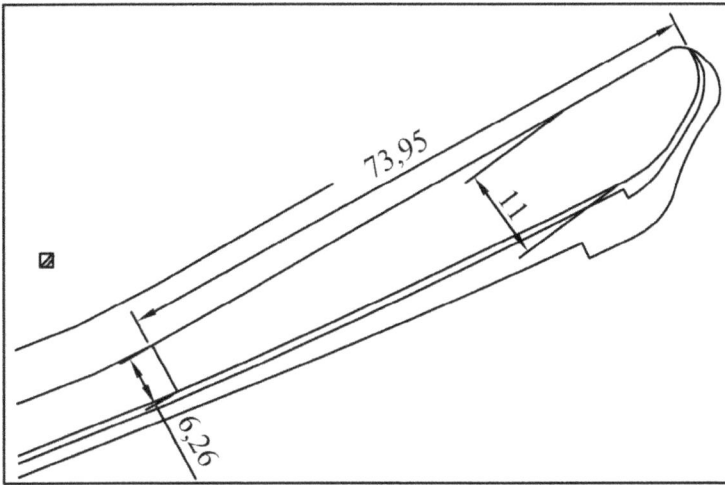

Figura 4.3. Plano acotado

4.4 COLOCACIÓN DE EMISORES

Tal como se realizó en el ejemplo desarrollado en el capítulo 3, se determinan las zonas que no pueden ser mojadas, y se distribuyen los aspersores respetando los solapamientos entre aparatos.

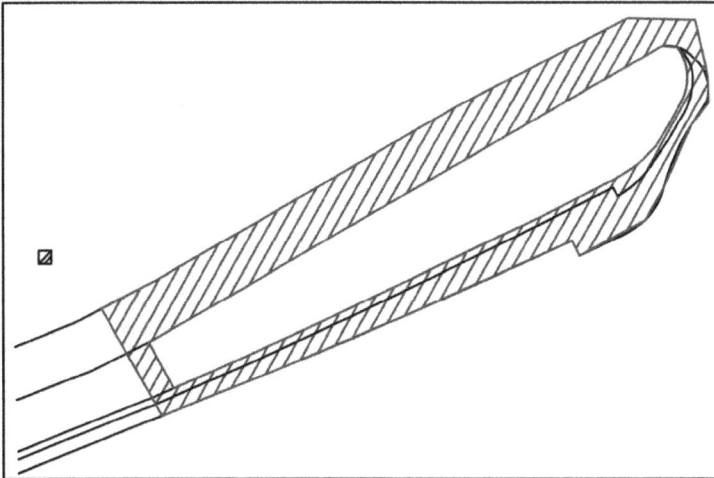

Figura 4.4. Se han marcado en rojo las zonas no mojables; en este caso todo el perímetro de la zona de riego

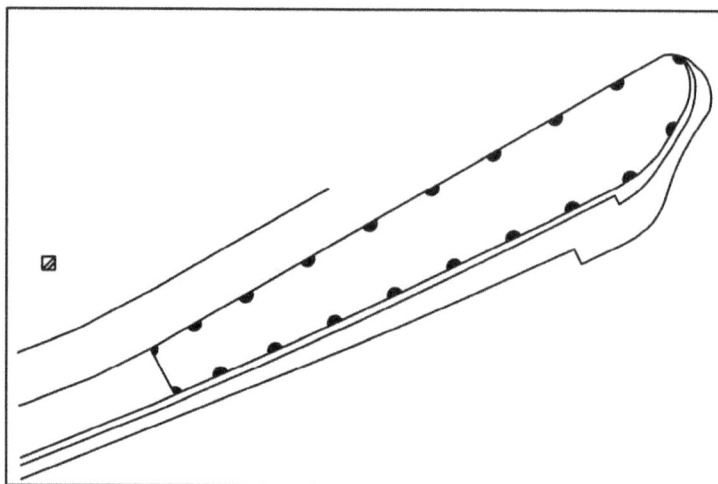

Figura 4.5. El sistema de riego es sencillo, dos líneas de 10 aspersores

Se realiza un posicionamiento de los aspersores empezando por las esquinas, luego completando en la línea del borde, y posteriormente se observa si es necesario algún aparato de relleno.

Para evitar rebasamientos excesivos en la parte estrecha, la distancia entre aspersores se reduce conforme se estrecha la parcela.

El sistema de riego constará de 20 aspersores de alcance medio.

4.5 CONSIDERACIONES A LA SECTORIZACIÓN

Sectorizar es dividir el sistema de riego en varias zonas (o fases de riego), debido a que no hay caudal suficiente para regar todos los emisores a la vez desde el punto de vista meramente hidráulico.

Desde el punto de vista agronómico, no interesa prácticamente nunca regar todo al mismo tiempo, se deben tener en cuenta la diferenciación de zonas de diferentes cotas, las zonas con régimen de insolación distinto, zonas de diferentes necesidades hídricas… En este caso concreto, la zona inferior del plano es más baja (tiene una cota menor con respecto a la superior); por ello se evitará en la medida de lo posible mezclar aspersores de la zona alta con aspersores de la zona baja.

Como ya se explicó, los emisores tienen unos consumos de agua (caudal) determinados, que varían en función del emisor y de la boquilla seleccionada. Si el consumo conjunto de los emisores es superior al caudal suministrado por la acometida a la presión de funcionamiento del emisor, no podrán funcionar todos juntos a la vez. La solución es que rieguen por turnos, es decir, se divide el jardín en sectores o fases de riego.

Regla de oro
El caudal conjunto de los emisores de un sector nunca puede ser superior al suministrado por la acometida a la presión de funcionamiento de dichos emisores. En ese caso será necesaria la división del sector hasta que los consumos de los sectores sean menores al agua aportada por la toma de agua.

En el ajardinamiento lineal del ejemplo se han situado 20 aspersores cuyo funcionamiento es correcto con una presión entre 3 y 3,5 atm. A esa presión consumen aproximadamente 13 l/min (ver tabla de rendimiento hidráulico del aspersor. Capítulo 2).

Por un lado, se calcula el caudal que proporciona la acometida a esa presión más un tanto por ciento por las pérdidas de carga:

3,5 atm de funcionamiento + 0,5 atm por pérdida de carga en electroválvula + 0,5 atm por pérdida de carga en tubería = 4,5 atm

Por otro lado, es necesario calcular el consumo conjunto de los aspersores de la zona para comprobar la viabilidad del sector.[3]

N.º aspersores por sector	Caudal total de los aspersores		Viabilidad del sector	
20	20 ud x 13 l/min	260 l/min	260 > 150	✗
18	18 ud x 13 l/min	234 l/min	234 > 150	✗
16	16 ud x 13 l/min	208 l/min	208 > 150	✗
14	14 ud x 13 l/min	182 l/min	182 > 150	✗
12	12 ud x 13 l/min	156 l/min	156 > 150	✗
11	11 ud x 13 l/min	143 l/min	143 < 150	✓
10	10 ud x 13 l/min	130 l/min	130 < 150	✓
8	8 ud x 13 l/min	104 l/min	104 < 150	✓
6	6 ud x 13 l/min	78 l/min	78 < 150	✓

---

[3] Se comprueba en la curva de servicio el caudal que suministra a 4,5 atm. En el ejemplo que está desarrollando, se ve en la sectorización propia del resto del sistema de riego (in situ en el jardín) que funcionan normalmente de forma correcta hasta 11 aparatos de las mismas características.

Matemáticamente:

$$N^a \ máx. \ aspersores = \frac{Qdisponible}{Qaspersor}$$

$$N^o \ máx. \ aspersores \ = \frac{150}{13} = 11.53 \ aspersores$$

En cada sector podrá haber como máximo 11 aspersores.

Eso significa que:

$$N^o sectores = \frac{N^o de \ aspersores \ totales}{N^o de \ aspersores \ por \ sector}$$

$$N^o \ sectores \ = \frac{20}{11} = 1.81 \ sectores$$

Serán dos sectores como mínimo (por razones hidráulicas, agronómicas o por condiciones del terreno puede ser necesario dividir en más sectores la zona de riego). En el caso del ajardinamiento lineal se decide realizar dos sectores de 10 aspersores cada uno.

Agronómicamente puede interesar dividir más el sistema de riego. Como se ha dicho anteriormente, son criterios de agrupación de emisores los siguientes:

- **Cada tipo de emisor se agrupa por separado.** No se pueden mezclar, debido a que tienen diferentes pluviometrías, por lo que si se agrupasen el riego no sería uniforme.

- **Separación por hidrozonas.** Zonas con diferentes necesidades hídricas no pueden regarse con el mismo sector.

- En la medida de lo posible se intentará **no mezclar zonas con diferente cota** (alturas), para evitar escorrentías. Es preferible el riego por curvas de nivel.

- En la medida de lo posible hay que **evitar mezclar zonas con diferente insolación.** Para ello es necesario conocer la orientación de la parcela a fin de evitar mezclar zonas de pleno sol con zonas de sombra.

- **Construcciones y caminos que impiden la conexión de dos zonas** son motivo para la división de un sector. Un camino sin pasatubos puede determinar que se tenga que hacer otro sector para esa zona inaccesible.

La distribución de los sectores debe seguir criterios hidráulicos y económicos (reducir la longitud de la tubería principal) potenciando siempre la uniformidad de riego.

Se divide el sistema de riego a lo largo con la intención de compensar en la medida de lo posible un pequeño desnivel existente (riego por curvas de nivel). Se evita así la descarga excesiva por los aspersores de la zona más baja, repartiéndose la escorrentía de la tubería en un mayor número de puntos (aspersores). Si no existiera el desnivel, deberían realizarse los sectores intentando realizar un anillo con la tubería secundaria (tal como se explica a continuación).

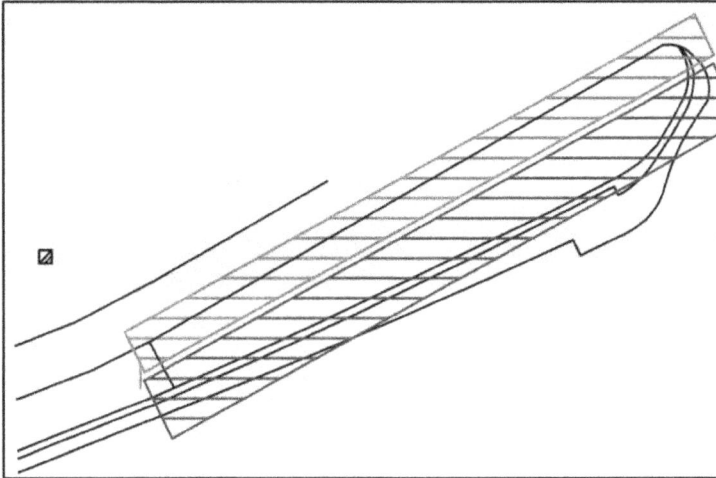

Figura 4.6. Dos sectores de riego

4.6 LA DISTRIBUCIÓN DEL AGUA. TUBERÍA PRINCIPAL Y SECUNDARIA

La distribución del agua en un sistema de riego en la actualidad, se realizará mediante tuberías de polietileno. Se pueden distinguir dos tipos de tuberías dentro de la instalación:

- **Tubería principal**: es la tubería encargada de transportar el agua desde la toma de agua (acometida) hasta los cabezales de riego. Esta tubería siempre está "en carga", es decir, siempre tiene agua a presión (salvo en aquellos casos en los que se haya instalado una electroválvula maestra). Mientras no haya riego, tendrá que soportar la presión estática existente en la red.

  Se suelen utilizar tuberías de polietileno de alta densidad con timbrajes que dependen de la presión estática existente en la zona. La tubería principal puede ser también la red de hidrantes, pues siempre tiene disponibilidad de agua.

  El diámetro de la tubería principal deberá ser suficiente para abastecer de agua el sector con mayor demanda de caudal de todo el sistema de riego más un hidrante en funcionamiento (dependiendo del tamaño de la zona que hay que regar, es un dato orientativo).

- **Tubería secundaria**: es la tubería encargada de distribuir el agua desde la electroválvula hasta los emisores. No es una red en carga, pues solo tiene presión mientras dura el riego del sector. Se utilizan tuberías de polietileno de alta densidad con timbraje igual o superior a 6 atm (se recomienda la utilización de PEAD 10 atm para la red y PEBD 6 atm para los ramales de alimentación a emisores).

El diámetro de la tubería dependerá de las necesidades de caudal requerido por el propio sector. En el capítulo 2, en el apartado dedicado a las tuberías, se puede encontrar una tabla con los caudales para cada diámetro de tubería de polietileno dependiendo de su densidad y timbraje.

En las tuberías secundarias no se pueden instalar hidrantes, pues el agua solo estaría disponible mientras estuviera en funcionamiento el riego.

Regla de oro
El trazado típico de una tubería principal parte de la acometida y pasa por todos los cabezales de riego, bien directamente o bien con derivaciones.

TIPOS DE INSTALACIÓN DE TUBERÍA SECUNDARIA

- **Sistema de riego abierto**: de la arqueta sale una única tubería que recorre toda la zona de riego y se conecta con los emisores mediante derivaciones. Este sistema compensa peor las diferencias de presión y caudal que se producen a lo largo de la tubería.

Se suele emplear para zonas estrechas.

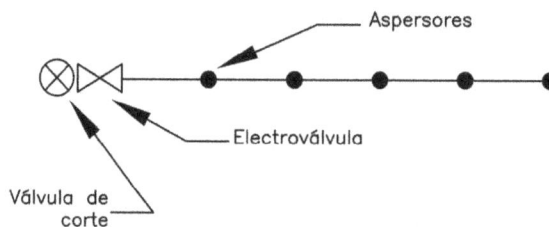

Figura 4.7. Representación de un sistema de riego abierto

- **Sistema de riego cerrado o en anillo**: de la arqueta parte una tubería que se bifurca en dos que van recorriendo la zona de riego y finalmente se unen formando un anillo cerrado. De esta manera se consigue que el agua circule por ambos lados, circulando la mitad del caudal por cada ramal del anillo, reduciendo el diámetro de tubería necesario y equilibrando la presión en todo el recorrido de una forma más óptima. Es el sistema más recomendable, aunque suele suponer más metros de zanja y de tubería. Los emisores se conexionan a la tubería secundaria mediante derivaciones.

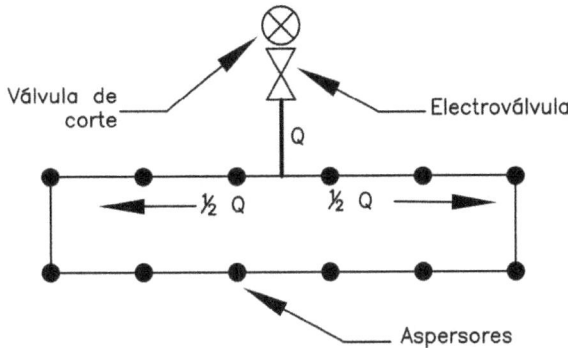

Figura 4.8. Representación de un sistema de riego en anillo

Naturalmente, ambos sistemas podrían combinarse si fuera necesario.

4.7 DIMENSIONAMIENTO DE LA TUBERÍA SECUNDARIA

En cuanto al dimensionamiento de la tubería secundaria, puede realizarse de dos formas:

- **Diámetro único**: la tubería se dimensiona en función del caudal total necesario para todo el sector. Este sistema reduce el acopio de pieceríos y simplifica tanto técnicamente como operativamente el montaje.

- **Diámetros múltiples**: el diámetro de la tubería se va reduciendo según se va reduciendo la pérdida de caudal (pérdida de caudal en emisores) a lo largo del tramo. Sólo se realiza en distancias largas, pues el supuesto ahorro por disminución de diámetros no equilibra el mayor gasto de piezas de conexión y mano de obra, además de la complejidad del acopio.

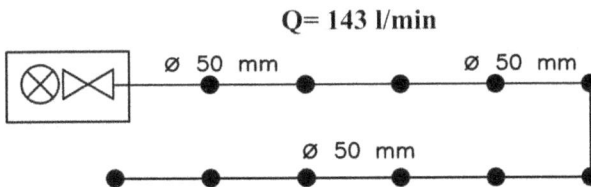

Figura 4.9. Representación de un sistema de diámetro único

En la práctica únicamente se reduce una vez, utilizando tuberías de dos diámetros con la reducción aplicada en un punto medio del sector.

Aspersor medio 13 l/min

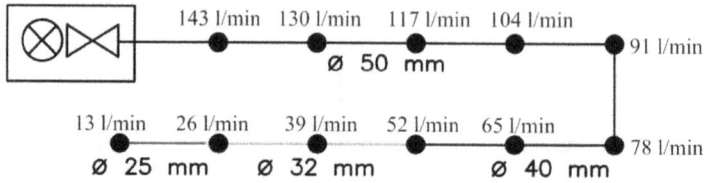

Figura 4.10. Representación de un sistema de diámetros múltiples

4.8 ESTUDIO TÉCNICO. NORMA DE LA UNIFORMIDAD DEL RIEGO

De cara a conseguir una uniformidad adecuada en el riego e impedir consumos excesivos de agua con zonas encharcadas, es ineludible que haya una diferencia de presión entre los emisores pequeña. Por ello es obligatorio que se cumpla la **norma de la uniformidad mínima del riego**.

Regla de oro
Norma de la uniformidad mínima del riego: la pérdida de presión en el sector más el desnivel existente entre el último emisor y el primero (del sector) no debe superar el 20% de la presión de trabajo del emisor.

Para ello, es necesario estimar la pérdida de carga en el sector empleando el ábaco de pérdidas de carga (ver anexo 1). Es un ábaco de entrada múltiple, en el cual, conociendo el caudal de consumo de cada sector y el diámetro interior de la tubería, se proporciona el dato de velocidad de movimiento del agua (no se aconsejan velocidades superiores a 1,5 m/s) y el factor de rozamiento en la conducción (en tanto por uno; cifra adimensional).

En el ejemplo se dispone de los siguientes datos:

Q = 150 l/min

$\emptyset_{int}$ = 42,5 mm ($\emptyset_{ext}$ = 50 mm en PEAD en 10 atm)

Al introducirlos en el ábaco del anexo 1, se obtiene:

V= 1,32 m/s

i = 0,015

Por otro lado, es lógico pensar que no en todo el tramo de tubería el caudal es el mismo, puesto que se van alimentando emisores de riego que van consumiendo el caudal existente. Así pues, según se avanza en el tramo de tubería, al haber emisores, el caudal va siendo menor. Para no complicar el cálculo de la pérdida de carga (estudiándolo de tramo en tramo), se puede aplicar un coeficiente adimensional, conocido como factor de Scobey-Christiansen, que es un factor de corrección del caudal en función del número de salidas en dicho tramo.

Se adjunta tabla de los valores del factor de corrección de Scobey:

N.º Salidas	Factor Scobey-Christiansen	N.º Salidas	Factor Scobey-Crhistiansen
1	1	16	0,377
2	0,634	17	0,375
3	0,528	18	0,373
4	0,48	19	0,372
5	0,451	20	0,37
6	0,433	22	0,368
7	0,419	24	0,366
8	0,41	26	0,364
9	0,402	28	0,363
10	0,396	30	0,362
11	0,392	35	0,359
12	0,383	40	0,357
13	0,382	50	0,355
14	0,379	100	0,35
15	0,377	<100	0,345

Se realiza ahora el cálculo de pérdida de carga de la instalación:

Longitud total = 75 m x 0,015 x F (factor Scobey 10 salidas) = 0,25 m

Para cumplir la norma de la uniformidad del riego tiene que:

20% Presión de trabajo aspersor > Pérdidas de carga calculada

0,2 x 35 m > 0,25 m

La instalación cumple la norma de la uniformidad del riego.

En el terreno práctico, esta comprobación solamente se realiza cuando existe un sector de riego anormal, ya sea en longitud, en desniveles, en diámetros muy forzados...

4.9 CABEZALES DE RIEGO. COLOCACIÓN Y DIMENSIONAMIENTO

Los cabezales de riego están formados por las válvulas y mecanismos de control necesarios para un buen funcionamiento de un sistema de riego automático. Siempre se dejan registradas en arquetas (en general, se debe dejar registrable cualquier pieza o conexión de importancia).

Su colocación ideal desde el punto de vista hidráulico es centrada en el sector, para que así las compensaciones de presión y caudal sean lo más óptimas posible, y exista la ventaja de reducir diámetros de tuberías.

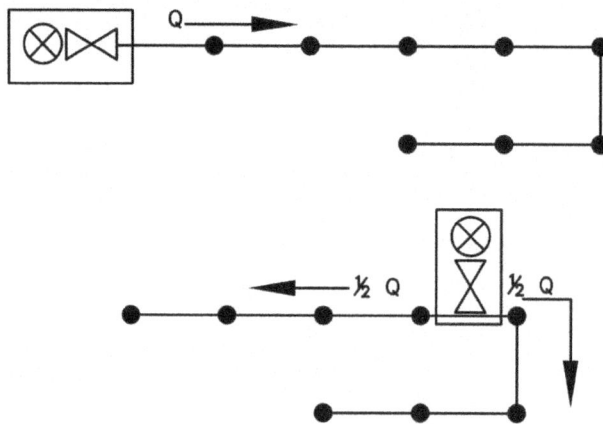

Figura 4.11. En la figura superior, colocación de arqueta extrema. En la figura inferior, colocación de la arqueta centrada

Sin embargo, puede haber razones como la reunión en la misma arqueta de varias electroválvulas o simplemente por razones estéticas que aconsejen su ubicación en un extremo.

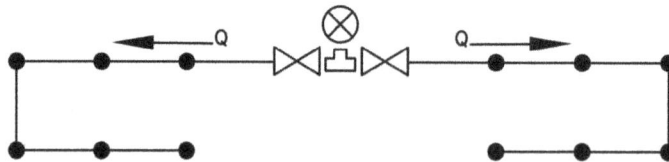

Figura 4.12. Representación de arqueta con dos sectores de riego

Desde un punto de vista económico interesa la reunificación en un único cabezal de varias fases por menor coste de instalación (en valvulería, programador, piecerío de conexión, arquetas de registro, etc.), y reducción de los puntos registrables y de mantenimiento posterior de la instalación.

Las válvulas de las que consta cada cabezal de riego dependen de la función que cumplan. Así pues, los cabezales de riego más comunes deben estar dotados de:

- **Aspersión y difusión**: válvulas de corte, filtro de malla (si el agua contiene sólidos en suspensión) y electroválvula para su automatización.

- **Goteo y riego localizado**: válvula de corte, filtro de malla (retención de elementos gruesos), válvula reductora de presión, electroválvulas para su automatización y filtro de anillas de 120 mesh (retención de elementos finos).

Es habitual que puedan disponer de otro tipo de válvulas si las circunstancias lo aconsejan así.

En cualquiera de estos elementos se dimensiona su tamaño atendiendo al caudal que regulan (ver capítulo 2). Así pues, el problema queda reducido a conocer el caudal punta de cada sector de riego (se debe conocer también para el dimensionamiento de las diversas tuberías). Normalmente hay tres tipos de sectores de riego:

- **Aspersión**. Para calcular el caudal, suele bastar con conocer el tipo de boquilla que tiene cada aspersor y el número de aspersores.

- **Difusión**. Igual que en aspersores, se debe conocer el número de difusores que hay y sus respectivas toberas.

- **Goteo**. Normalmente en proyectos de tamaño grande es muy complicado y tedioso medir toda la distancia de tubería portagoteros que hay. Para evitarlo, se busca la relación existente entre los metros cuadrados de sector de goteo con los metros lineales de tubería que se necesitan. Lógicamente esta relación depende de la densidad de la malla de goteo y la interdistancia entre goteros dentro de la propia tubería, así pues, se debe analizar cada caso por separado. Lo usual en jardinería pública y en plantaciones comunes es instalar una malla de densidad 50 x 50 cm (es decir, 50 cm de distancia entre líneas y 50 cm entre goteros en la tubería); la relación es de 1 m^2 de superficie – 2 metros lineales de tubería de goteo – 4 goteros.

En el caso de setos y borduras se mide la longitud del propio seto y se decide la instalación de una o dos líneas. Con ello se puede cuantificar el caudal de la instalación para el dimensionamiento del cabezal de riego.

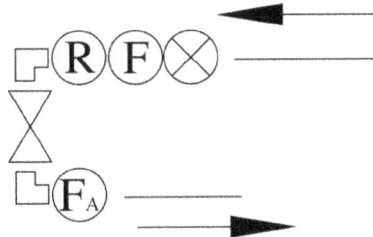

Figura 4.13. Cabezal de riego de un sector de goteo

Los cabezales de riego se instalan en arquetas para estar registrados a fin de poder manipular las válvulas y realizar labores de mantenimiento. Los tipos de arquetas más frecuentes son:

- **Arquetas de obra**: realizadas en fábrica de ladrillo, se emplean en zonas pavimentadas y en caso de que sea necesaria una arqueta de gran tamaño.

- **Arquetas prefabricadas**: en las zonas ajardinadas se utilizan este tipo de arquetas más estéticas.

En el ejemplo desarrollado durante todo este capítulo quedan por definir las diferentes tuberías distribuidoras del agua y la situación del colector de riego y arqueta. Se utilizarán para todo el sistema de riego tuberías de polietileno de alta densidad en diámetro único por la corta longitud de las tuberías y por facilitar la operativa del montaje.

Siguiendo el criterio de reunificación de válvulas, se colocará un único cabezal de riego entre ambos sectores. Así mismo, el cabezal irá situado en el punto medio de cada uno de los sectores con la intención de compensar mejor las presiones y los caudales. Como ventaja adicional se necesitarán tuberías secundarias con un diámetro menor, pues el agua que deben transportar será la mitad que si la situación del cabezal fuera extrema (salvo un corto tramo hasta la derivación del sector, en el que la tubería debe ser capaz de "alimentar" ambas conducciones).

La tubería principal debe tener un diámetro suficiente para que cada sector por separado sea capaz de regar. En la tabla del capítulo 2, apartado de tuberías, se selecciona el diámetro de tubería en función del caudal que consume el sector más desfavorable (10 aspersores con un consumo de 13 l/min cada uno), siendo necesaria la utilización de una tubería de PEAD de ø 50 mm.

La tubería secundaria tendrá un tramo inicial también de PEAD de ø 50 mm hasta la derivación en T donde se utilizarán tuberías de PEAD de ø 40 mm, capaces de transportar hasta 90 l/min (5 aspersores con un consumo común de 65 l/min).

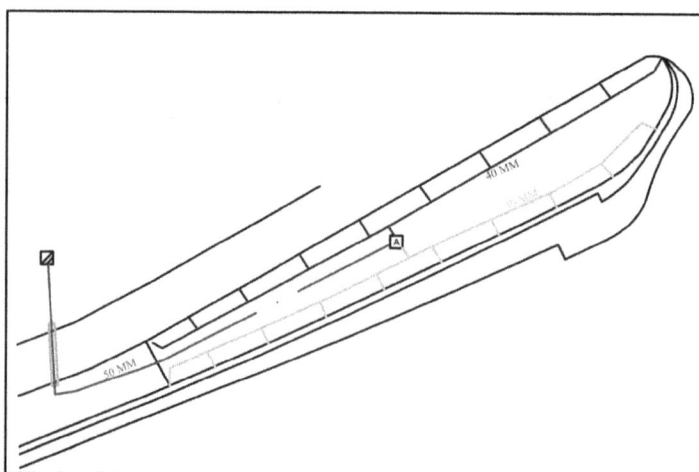

Figura 4.14. Tubería principal y secundaria

4.10 HIDRANTES

Como ya se ha comentado, solo se pueden instalar en la tubería principal. En algunos casos se podría hacer una red independiente.

Los hidrantes se tienen que instalar de tal forma que con una manguera de 20-25 metros se cubra toda la superficie, es decir, la distancia entre hidrantes suele ser de 40 a 50 m. Si la zona es muy forestal, con muchos obstáculos, estas distancias pueden ser acortadas.

4.11 AUTOMATIZACIÓN

Se pueden emplear, según las circunstancias:

- Programadores autónomos; si no existe energía eléctrica en la zona, o no es accesible.

- Programadores centralizados; ya sea con cableado clásico con multiconductores o sistema de doble hilo.

En el ejemplo desarrollado a lo largo del capítulo, al pertenecer la zona a un gran parque en el que ya existe una automatización mediante un programador centralizado con sistema de dos hilos, se conectarán los sectores de riego al sistema existente. Para ello será necesario realizar las siguientes actuaciones:

- Registro de una derivación de cable para prolongar la línea hasta el nuevo cabezal de riego. La derivación se realizará en una arqueta cercana (no es necesario que la acometida de agua del cabezal y el automatismo estén en el mismo lugar).

- Instalación de un nuevo decodificador en la arqueta, conexionando el nuevo cable y las electroválvulas con él.

- Introducción de los códigos y órdenes necesarias en el programador de riego para el reconocimiento y detección del nuevo decodificador y las dos fases de riego.

Capítulo 5

INSTALACIÓN DEL SISTEMA DE RIEGO. MONTAJE Y REGULACIÓN

Una vez conocida la metodología para el correcto dimensionamiento de cualquier instalación del sistema de riego, se describen en el siguiente capítulo las formas de montaje y los diferentes elementos que se utilizarán en la ejecución material del proyecto. Si bien existen multitud de métodos de montaje y piezas, aquí se describen los más utilizados y eficientes.

5.1 TÉCNICAS DE REPLANTEO

El replanteo es la técnica que transporta el diseño al terreno para proceder a la instalación. Con el plano de riego ya realizado, se sacarán una o varias copias en las que vengan reflejados los siguientes datos:

- **Emisores**.

- **Tuberías**.

- **Valvulería**.

- **Arquetas**.

Es importante que el plano esté acotado (es decir, que estén expresadas las distancias y medidas). Una vez que se tienen los planos, se procede al replanteo en la obra.

El replanteo facilita el trabajo porque permite ver antes de instalarse las labores que hay que realizar y además da una idea general a los trabajadores de las diferentes tareas.

Para realizar replanteos se necesitan los siguientes elementos:

- **Los planos de diseño**.

- **Cinta métrica**.

- **Spray marcador o yeso**.

- **Estacas o varillas**.

Una vez en el terreno y con la cinta métrica, se medirá la parcela que hay que regar, con el fin de contrastarlo con el plano, pues frecuentemente no se ajustan perfectamente y hay variaciones en las medidas. Existirán diferencias de importancia cuando previamente al trabajo de diseño no se haya contrastado el plano base con el terreno real, en esos casos, será necesario rehacer el diseño sobre el terreno utilizando como guía el plano.

Se realizarán marcas sobre el terreno con yeso o *spray*. Es preferible el primero debido a que es más duradero en caso de lluvia. Se empezará marcando los emisores (aspersores y difusores), midiendo y rectificando lo que sea necesario. En aquellos casos que sea posible, se pueden marcar los emisores en el bordillo o camino, pues tras realizar la zanja puede perderse el punto exacto; también pueden utilizarse estacas o varillas.

Figura 5.1. Marcación de emisores en el terreno

A continuación se marcará la tubería del sector. Se hará una línea siguiendo las indicaciones del plano de riego. Es importante comprender que esa línea no marca exactamente la situación de la futura tubería, y puede ser modificada debido a obstáculos diversos. Es una mera guía.

Figura 5.2. Marcación de las tuberías en el terreno

Después se marcan las arquetas donde se alojarán los cabezales de riego, indicando el número de sectores que hay en ellas.

Figura 5.3. Marcación de una arqueta en el terreno

La tubería principal se marca a continuación. Es probable que en algunos tramos coincida por la misma zanja con la de sector. Por último, se marca la ubicación de los hidrantes, que irán sobre la tubería principal.

Figura 5.4. Marcación de un hidrante en el terreno

5.2 ORDEN Y SECUENCIACIÓN DE LAS OPERACIONES DE MONTAJE

Durante las operaciones de montaje de un sistema de riego se debe seguir un orden lógico de cara a lograr una mayor eficiencia y control sobre las diferentes unidades de obra.

- **Movimientos de tierra y zanjeo**: la primera labor que hay que realizar tras el replanteo es la apertura de zanjas. La zanja debe ser lo suficientemente profunda para evitar que el agua se congele dentro de la tubería durante el invierno. Según las zonas, esa profundidad puede variar, pero como dato orientativo la profundidad es de 40 a 50 cm. Naturalmente, la anchura de la zanja debe ser suficiente para la colocación de la tubería. En el caso de que discurra más de una tubería por la misma zanja, habría que aumentar la anchura (disposición paralela) o la profundidad (disposición vertical). Es conveniente dejar en la medida de lo posible, y a fin de facilitar la instalación, un lecho mullido de tierra y eliminar las irregularidades, piedras y raíces que entorpezcan la instalación (cama de la zanja).

  Las zanjadoras son máquinas específicas para realizar esta labor, aunque también se puede utilizar otro tipo de maquinaría más versátil como pequeñas retroexcavadoras. Los remates y determinadas zonas con difícil acceso para la máquina se tienen que zanjear con medios manuales.

  Las zanjadoras suelen ser autopropulsadas. Realizan su labor por desgaste mediante la cadena, un elemento móvil que cava y arrastra la tierra hacia un tornillo sin fin que la amontona a un lado de la máquina. Existen diferentes tipos de cadena, según el terreno (con cuchillas para terrizo y picas para terreno pedregoso).

  Mediante un acople llamado "limpiazanja", los restos del fondo son arrastrados para su extracción. La profundidad puede ser modulada maniobrando la espada (elemento en el que va montada la cadena de zanjeo).

Figura 5.5. A la izquierda, fotografía de la espada de zanjeo. A la derecha, detalle de pica y cuchilla

Características	Zanjadora	Retro-Mixta
Rendimiento	Hasta 900 ml/día	Hasta 200 ml/día
Maniobrabilidad	Alta	Baja
Movimiento de tierras	El necesario	Excesivo
Sensibilidad a piedras	Alta	Baja
Rentabilidad	Alta	Baja

Será necesario aumentar la profundidad de la zanja en el paso por las arquetas, pues los cabezales de riego se instalan a mayor profundidad (las tuberías que entran y salen lo hacen justo por debajo de la arqueta).

Figura 5.6. Zanja realizada con zanjadora

- **Tubería principal y secundaria. Selección e instalación**: llega el momento de extender las tuberías en las zanjas. Esto puede realizarse después de tener todas las zanjas abiertas, aunque se pueden ir instalando las tuberías según se abren las zanjas (depende del tamaño de la obra).

En el caso de sistemas centralizados de programación, será necesario extender también el cable desde el programador hasta las electroválvulas, situadas en los cabezales de riego. Es conveniente dejar en la zona de la arqueta un sobrante de cable para facilitar las posteriores conexiones del cable con las electroválvulas.

De cara a evitar que entre tierra en las tuberías durante la instalación, se bloquearán los extremos del tubo. Durante el extendido se extremarán las precauciones para evitar la aparición de dobleces que dañen las tuberías. En caso de resultar dañada es preferible reparar de forma inmediata con un enlace la zona afectada que arriesgarse a una futura rotura.

El cierre de zanjas se realizará tras la instalación de las tuberías, hay que procurar que las tuberías no se crucen en la zanja y dejar libres aquellas zonas donde vayan a ir las salidas de los emisores y en las arquetas. Se debe tapar compactando por tongadas, dejando al final un pequeño caballón de tierra encima (tras los riegos de prueba se compactará quedando al mismo nivel que el resto). En la medida de lo posible, se evitará el tapado de la tubería en las horas centrales del día (en tiempo cálido) debido a la dilatación que experimentan las tuberías de polietileno, y al enfriarse y retraerse el material puede haber problemas de desconexión de piezas.

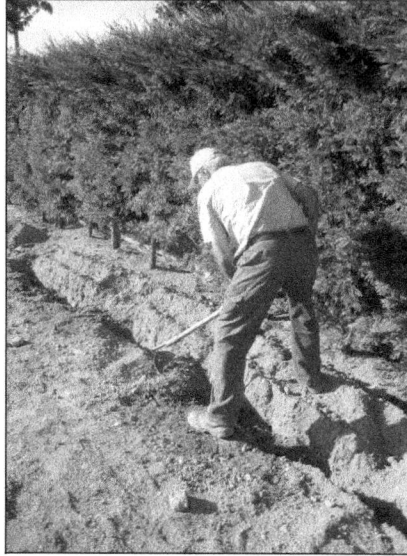

Figura 5.7. Operario cerrando zanja

- **Instalación de los cabezales de riego**: tras el extendido y tapado de las tuberías, se instalan los cabezales de riego. El cabezal de riego es el conjunto de válvulas y elementos de control que forman la cabecera de una zona de riego.

Se instalará cada cabezal de riego en su ubicación adecuada y, en caso de que el cabezal tenga varias salidas (por unificación de sectores), se tendrá especial cuidado a la hora de conexionar cada salida con la tubería adecuada, marcando de alguna manera (por ejemplo, con cinta de colores o con pegatina identificativa) cada tubería.

Lo habitual es haber ensamblado y apretado los cabezales en taller, quedando únicamente montar el conexionado de la tubería de entrada (principal) y las tuberías de salida (secundarias). Puede realizarse el ensamblado en obra, pero siempre fuera de la zanja y siempre por motivos justificados, ya que se trata de una operación que requiere un espacio de trabajo adecuado.

Una vez llegado a este punto, se coloca la arqueta de registro para dejar protegido el cabezal de riego de posibles golpes o robos, y previniendo además caídas a distinto nivel dentro de la propia obra. En una obra pequeña se puede dejar para momentos posteriores para asegurarse de que no haya pérdidas de agua en las conexiones.

Figura 5.8. Instalación de cabezal de riego y arqueta

- **Colocación de los emisores**: el siguiente paso tras haber instalado los cabezales de riego es la colocación de los emisores.

  En el caso de aspersores y difusores, se habrán dejado sin tapar las zonas de la tubería donde irán situadas las tomas de agua.

  Los aspersores y difusores se instalan antes de la plantación, ya que al ser enterrado habría que trabajar sobre las plantas y el césped recién implantado.

  El goteo se instala tras la plantación para evitar posibles roturas. Sin embargo, la instalación enterrada en el sistema de riego por goteo sí se realiza con anterioridad a la plantación.

- **Hidrantes**: los hidrantes se instalarán sobre una tubería principal en carga (con presión de red). Los hidrantes de acople rápido deberían instalarse en una arqueta de registro como protección.

- **Programador**: por último, se realizan las conexiones del cable a las electroválvulas y la instalación del programador, así como los posibles sensores que se hayan determinado para el sistema de riego.

5.3 ACOMETIDA DEL AGUA

La acometida es la entrada de agua a la instalación de riego. Hay multitud de variantes, a partir de una tubería existente, de un hidrante, de un contador de agua, de un grifo, una llave de paso, etc.

En realidad, todas son conexiones a tuberías (salvo la llave de paso, que es una conexión roscada), pues se realizan sobre la conducción del hidrante, del contador y del grifo (aunque también se pueden hacer si las circunstancias así lo aconsejan en las entradas o salidas de esas piezas singulares).

Para hacer una acometida de agua a una tubería se utilizan piezas de unión o de derivación.

Regla de oro
Sin importar la forma de realizar la toma, la acometida siempre llevará en cabecera una válvula de cierre y un filtro de malla para proteger la instalación aguas abajo.

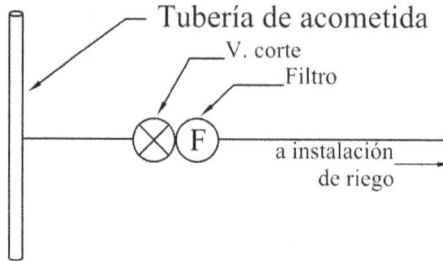

Figura 5.9. Representación de instalación de filtro y llave antes de instalación

Regla de oro
Si la acometida donde se realiza el enganche da suministro para uso alimentario (consumo humano), se realizará una derivación para independizarla y se protegerá con una válvula de retención para evitar la mezcla de aguas.

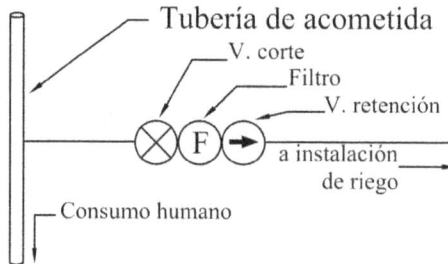

Figura 5.10. Representación de protección de red de uso alimentario

MONTAJE DE ACOMETIDAS

Para realizar la acometida de agua es necesario cortar el suministro de agua en la tubería en la que se va a realizar la toma. Para ello lo más factible es cerrar la válvula de corte que da suministro a la tubería. Sin embargo, en algunas ocasiones no se puede cortar el agua, bien porque suministra a diversos servicios no interrumpibles, bien porque se desconoce la ubicación de la válvula de corte, bien porque no se puede acceder a dicha válvula pese a conocer su ubicación.

En estos casos desfavorables, se pueden realizar acometidas de las siguientes formas:

- **Toma en carga**: como su propio nombre indica es una toma que realiza con presión de agua en la conducción. Se utiliza una máquina específica para esta labor, que permite perforar la tubería sin cortar el agua, dejando instalada en la derivación (será la nueva acometida) una válvula de corte. Se puede usar en todo tipo de tuberías (PE, PVC, fundición…), empleando únicamente la corona de corte y las piezas más adecuadas a cada material.

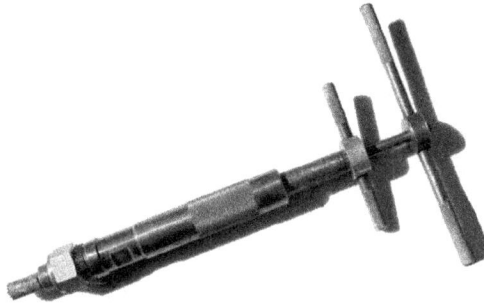

Figura 5.11. Máquina de toma en carga

La máquina consiste en un taladro en el que se ensambla una corona del tamaño correspondiente al orificio que hay que realizar en la tubería. El taladro se encuentra insertado en un armazón roscable y estanco.

La máquina de toma en carga está formada por dos palancas. Una controla el giro de la corona (revoluciones), mientras que la otra controla la profundidad de la corona (taladro).

Para realizar la toma en carga se procede de la siguiente manera:

- Se ajusta un collarín de fundición en el lugar en el que se va a realizar la acometida.

- Sobre el collarín se instala la válvula de corte que será la válvula general de entrada de agua. Existen piezas específicas que agrupan ambas piezas (en desuso).

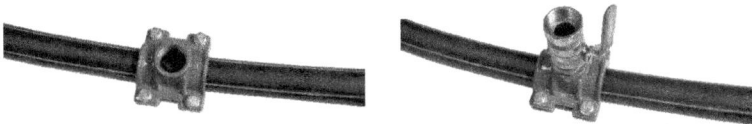

Figura 5.12. Colocación de collarín y llave para toma en carga

– Se abre la válvula de corte.

– En función del tamaño de la toma se elige la corona y se rosca la máquina de toma en carga a la válvula de corte.

– Accionando la palanca de nivel se hace descender el taladro a través de la válvula y el collarín hasta la tubería.

– Accionando la palanca de giro, la corona rota desgastando la tubería.

– Conforme se vaya realizando el corte, el taladro debe ir bajándose para ir avanzando en el desgaste.

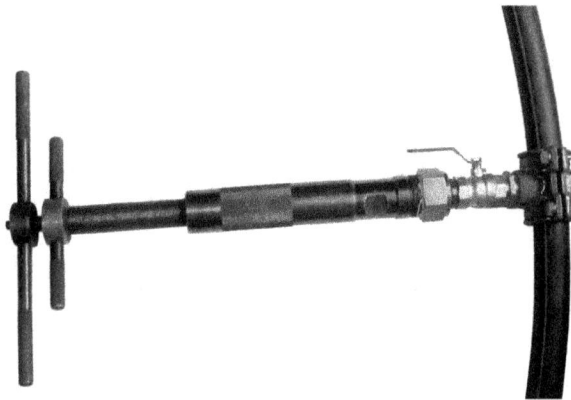

Figura 5.13. Realización de toma en carga

– Se continúa de esta forma hasta realizar el corte entero en la tubería.

– En el momento en el que se corta la pared de la tubería por el primer sitio el agua asciende por el collarín y la válvula. La presión del agua levanta la palanca de giro, notándose en la máquina una mayor resistencia.

– Como la pared de la tubería no es plana sino cóncava, el desgaste se produce primero por la parte central, por lo que hay que seguir taladrando hasta que no haya ninguna oposición al taladro para eliminar completamente la sección de tubería (es habitual en montadores sin experiencia no terminar de taladrar la tubería, lo que provoca problemas graves por falta de caudal en la instalación).

– Una vez que se completa el taladro hay que subir el taladro mediante la palanca de nivel hasta que se pueda cerrar la válvula de corte. La máquina de toma se desenrosca y la acometida ya está realizada.

- **Toma con estrangulador o pinzador**: como su propio nombre indica es una herramienta que comprime la tubería, cortando por estrangulación el suministro de agua. Sólo se puede utilizar en polietileno por ser el único material que por su flexibilidad recupera su forma al quitar el pinzador.

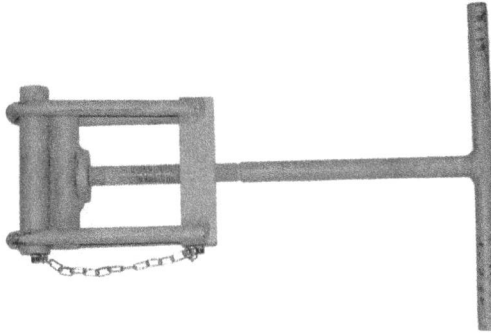

Figura 5.14. Pinzador o estrangulador

El cilindro inferior se separa del estrangulador para que sea posible la colocación de la tubería. Una vez ubicada, se devuelve a su posición el cilindro y se gira la palanca para producir la estrangulación de la conducción. Conforme se va cerrando el estrangulador, el paso de agua va disminuyendo hasta que se impide totalmente. Terminada la operación ya se puede realizar la toma. En ocasiones, y debido a diversos factores como pueden ser redes de abastecimiento en anillo, redes amplias con descarga de agua prolongada, redes con varias entradas de agua... se deben emplear dos estranguladores (uno a cada lado de la acometida).

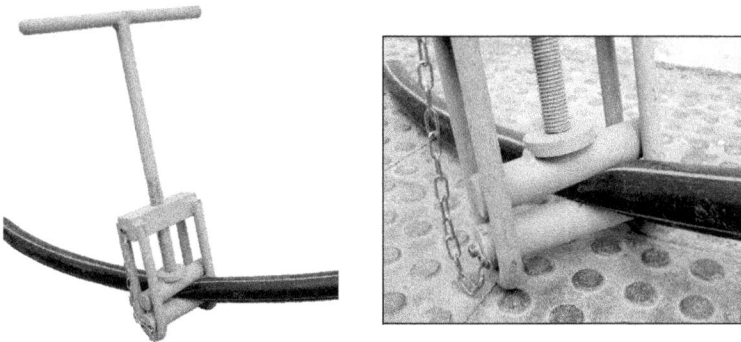

Figura 5.15. Realización de pinzamiento en tubería

MÉTODOS DE CONEXIÓN DE ACOMETIDAS

- **Conexión mediante te**: una te es una pieza que se conecta a una tubería y tiene una derivación formando un ángulo de 90° con respecto a la tubería. La te para la realización de acometidas será preferentemente metálica.

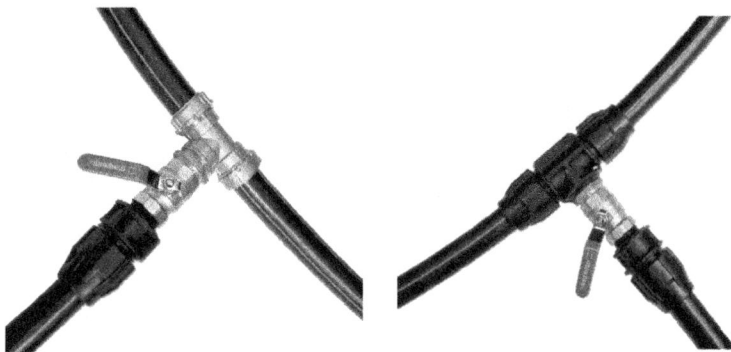

Figura 5.16. Derivación mediante te (izquierda en metal, derecha en plástico)

En riegos de importancia menor se suele utilizar una te de polietileno, pieza más económica. Es una práctica desaconsejada por la baja resistencia de estas piezas.

- **Conexión mediante enlace**: el enlace es una pieza de unión que en el caso de acometidas será metálica, utilizándose en ocasiones la pieza de polietileno (desaconsejado). Se utilizará cuando la acometida sea una tubería en punta. Los enlaces pueden ser con ambas bocas para el enganche de tuberías, o con una de sus bocas con rosca para la conexión de válvulas.

Figura 5.17. A la izquierda, tubería dejada en punta (con tapón). Al centro, conexión mediante enlace. A la derecha, enlaces con llave

- **Conexión mediante collarín de toma**: en algunos casos se utiliza esta pieza en la acometida de agua. Su principal ventaja es que para instalarla no es necesario cortar la tubería. En uno de sus lados tiene un orificio roscado, por el que será necesario realizar un taladro a la tubería mediante corona.

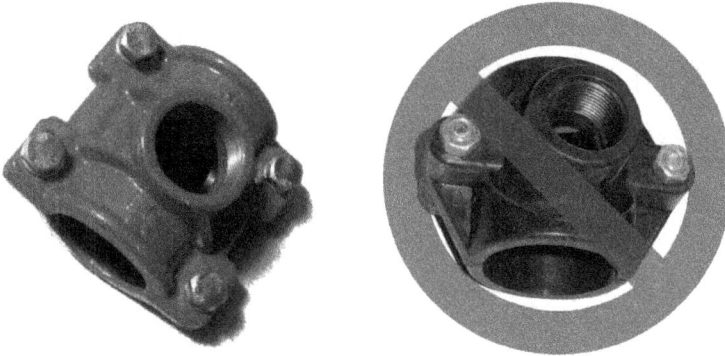

Figura 5.18. Collarín de toma para acometida. Desaconsejado el uso de collarines de material plástico

Para estas tomas, será necesario el montaje de collarines de fundición dúctil con una capa protectora de epoxi (se desaconseja la utilización de collarines de material plástico por ser una pieza que aporta muy poca seguridad).

5.4 PIEZAS DE CONEXIÓN

Llegados a este punto, se ha visto y explicado cuál es el proceso de diseño y dimensionamiento de una instalación de riego automático y cuál es el orden de instalación de los materiales una vez en obra.

Únicamente falta conocer las piezas que se utilizan en los montajes y cuál es la función de cada una de ellas.

- **Piezas roscadas**: para la unión de válvulas se utilizan en Europa piezas roscadas BSP (siglas inglesas de rosca estándar británica). Existen en el mercado piezas roscadas de todo tipo fabricadas en polietileno, latón, bronce, PVC, acero galvanizado…

  Su función es realizar uniones de piezas roscadas, aumentar o disminuir tamaños y cambiar la polaridad de la rosca según nos interese (macho-hembra).

  Las **piezas de metal** dan mayor seguridad y resistencia al conjunto. Están especialmente indicadas para la conexión de válvulas y otros elementos metálicos. Las piezas de latón de alta calidad tienen un espesor mayor y las roscas están punteadas para evitar que el elemento de estanqueidad (cáñamo y/o teflón) se mueva durante la instalación.

  En el caso de roscar sobre plástico se debe tener especial cuidado con no dañar las roscas de la pieza plástica. Aunque existen más tipos de piezas, las más usuales son:

Machón de latón de 1"	Machón reducido de latón de 1"	Manguito de latón de 1"	Tuerca de latón de 1" – ¾"	Alargadera de latón de 1"
Copa de latón de 1" – ¾"	Te de latón de 1"	Cruz de latón de 1"	Unión de tres piezas latón de 1"	Tapón de latón de 1" macho
Tapa de latón de 1" hembra		Codo de latón de 1" hembra-hembra		Codo de latón de 1" macho-hembra

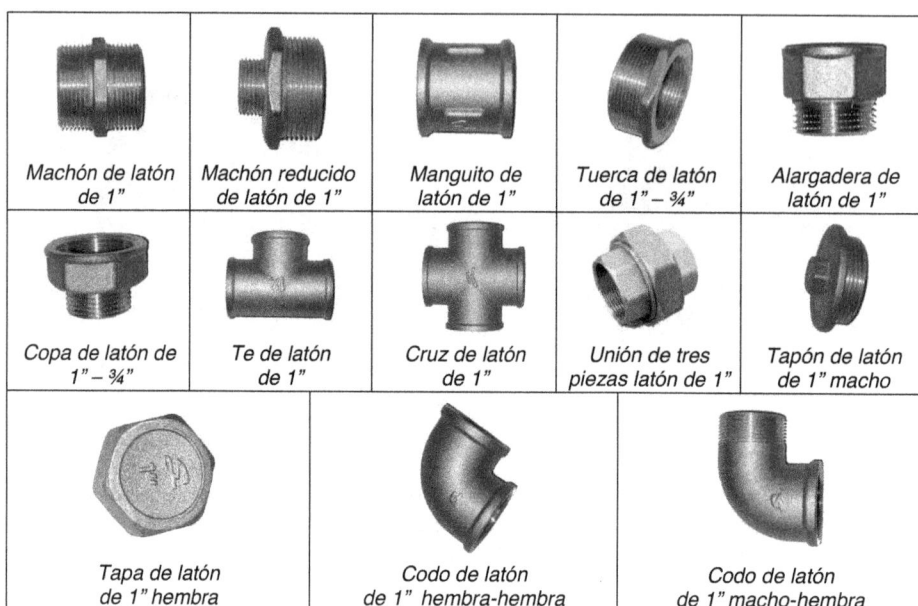

Figura 5.19. Piezas de metal roscado

Las **piezas de polietileno** son más económicas que las de metal, aunque tienen una menor resistencia. Son ampliamente utilizadas, sobre todo en zonas sin presión constante (tuberías que no estén en carga).

Aunque existen más tipos de piezas, las más usuales son:

Machón de PE de 1"	Machón reducido de PE de 1"	Manguito de PE de 1"	Tuerca de PE de 1" – ¾"
Alargadera de PE de 1"	Copa de PE de 1" – ¾"	Tapón de PE de 1" macho	Tapa de PE de 1" hembra
Codo de PE de 1" hembra-hembra		Codo de PE de 1" macho-hembra	

Figura 5.20. Piezas de polietileno roscado

Las piezas fabricadas en **acero galvanizado** son menos frecuentes y se utilizan sobre todo para tamaños superiores a 2". La calidad de estas piezas depende de la capa protectora galvanizada que impide el oxidado. Tienen las roscas cónicas para facilitar su roscado (roscar con precaución, sin llegar al final para evitar roturas).

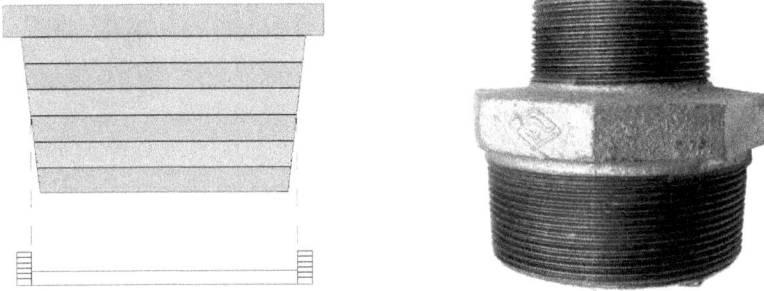

Figura 5.21. Roscas cónicas en piezas de acero galvanizado

- **Bridas**: las piezas bridadas se unen entre sí mediante tornillos y juntas de goma que proporcionan la estanqueidad. Para realizar transiciones de brida a rosca, se utilizan bridas roscadas. Este tipo de unión es frecuente en piezas de fundición de gran tamaño. No es habitual en riegos automáticos, salvo en la acometida.

Figura 5.22. De izquierda a derecha: brida roscada, junta de goma y tornillos

- **Fittings** (unión mecánica): para la unión y derivación de las tuberías de polietileno y unión de válvulas con tuberías se utilizan los *fittings* o enlaces. Los *fittings* pueden ser de polietileno o de metal. La diferencia se encuentra en su durabilidad y en la seguridad que aportan a la instalación. Aunque existen muchos más tipos de **fittings**, los más habituales son los siguientes:

 Enlace de metal de 40	 Enlace de metal de 40 – 1 ¼" rosca macho	 Enlace de metal de 40 – 1 ¼" rosca hembra
 Codo de metal de 40	 Codo de metal de 40 – 1 ¼" rosca macho	 Codo de metal de 40 – 1 ¼" rosca hembra
 Te de metal de 40	 Te de metal de 40 – 1 ¼" rosca hembra	

Figura 5.23. Fittings de metal

 Enlace de PE de 40	 Enlace de PE de 40 – 1 ¼" rosca macho	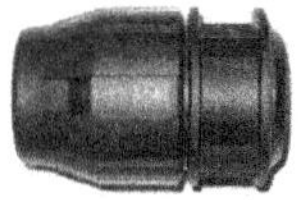 Enlace de PE de 40 – 1 ¼" rosca hembra
 Codo de PE de 40	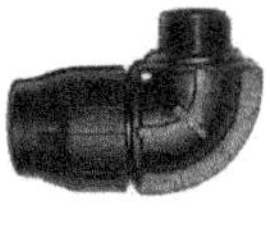 Codo de PE de 40 – 1 ¼" rosca macho	 Codo de PE de 40 – 1 ¼" rosca hembra
 Te de PE de 40	 Te de PE de 40 – 1 ¼" rosca hembra	 Tapón de PE de 40
 Enlace reducido PE de 40 – 32	 Te de PE de 40 – 32 – 40	 Te de PE de 40 – 32 – 32

Figura 5.24. Fittings de polietileno

El sistema de sujeción de la tubería necesita de las siguientes piezas internas:

- *Junta de goma*: garantiza la estanqueidad por presión. Durante la fase de montaje la junta no debe quedar "mordida" ni fuera de su lugar de asiento.

- *Anillo de apriete*: esta pieza intermedia realiza una presión constante y perfectamente repartida sobre la junta de goma, impidiendo que se salga del asiento.

- *Cono dentado*: pieza que evita el movimiento de la tubería (antitracción), garantizando la estanqueidad. El cono "muerde" la tubería impidiendo que se deslice.

- *Casquillo*: pieza roscada que aprieta el conjunto del *fitting*.

Figura 5.25. Despiece de enlace de 32 de polietileno

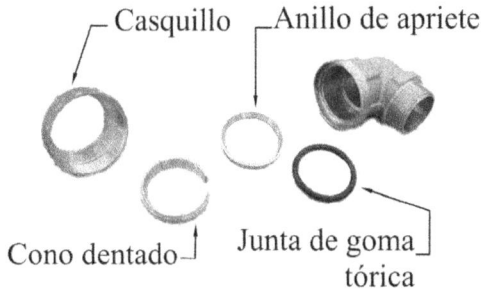

Figura 5.26. Despiece de enlace de 32 de latón

Para el montaje de los *fittings* hay que seguir el siguiente procedimiento:

- *Corte de la tubería*. Deben ser lo más rectos posible, realizados si es posible con unas tijeras cortatubos, pues el corte es más limpio.

- *Desmontaje del accesorio de unión*. Debe mantenerse el orden de las diferentes piezas que conforman el *fitting* y su polaridad (la mayoría de las piezas no funcionan correctamente si se modifica su posición de montaje).

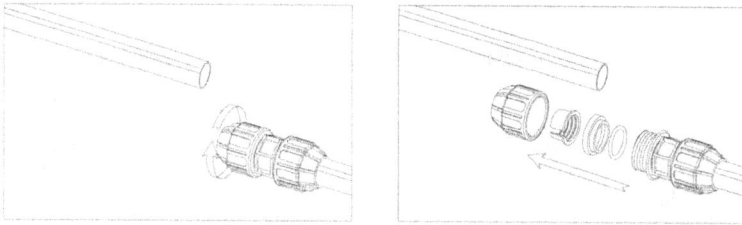

Figura 5.27. Montaje de fittings

-   *Colocación del fitting*. La introducción de las piezas debe seguir el mismo orden. La tubería con las piezas se mete a fondo en el cuerpo del accesorio, colocando la junta.

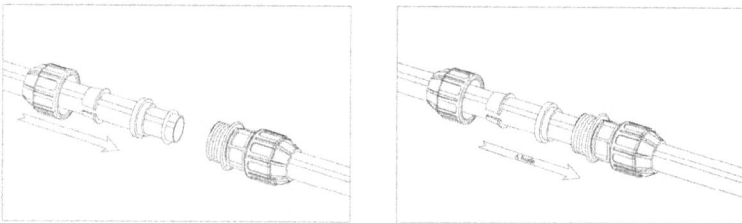

Figura 5.28. Montaje de fittings

-   *Holgura de montaje*. Se extrae medio centímetro la tubería, para permitir el avance de la tubería durante el apriete. El cono dentado antitracción muerde la tubería desde el principio y tira de ella al apretar la pieza. Si no se permite la holgura, el cono se desliza, arañando y dañando la tubería.

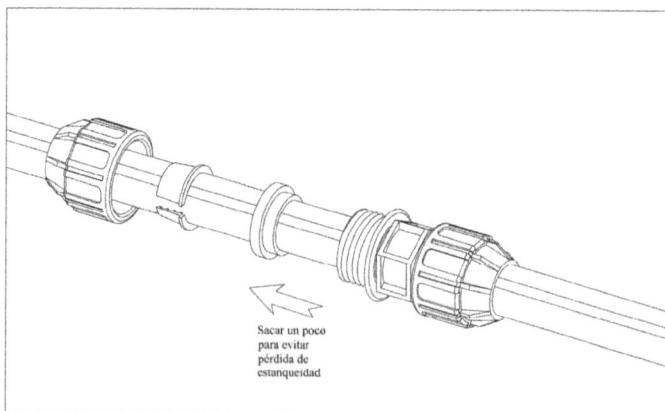

Sacar un poco
para evitar
pérdida de
estanqueidad

Figura 5.29. Montaje de fittings

– *Cerrado y apretado del fitting*. Se asientan el anillo de apriete, el cono dentado y el casquillo sobre el resto del accesorio. Se aprieta el conjunto girando el casquillo y sujetando el cuerpo del *fitting*.

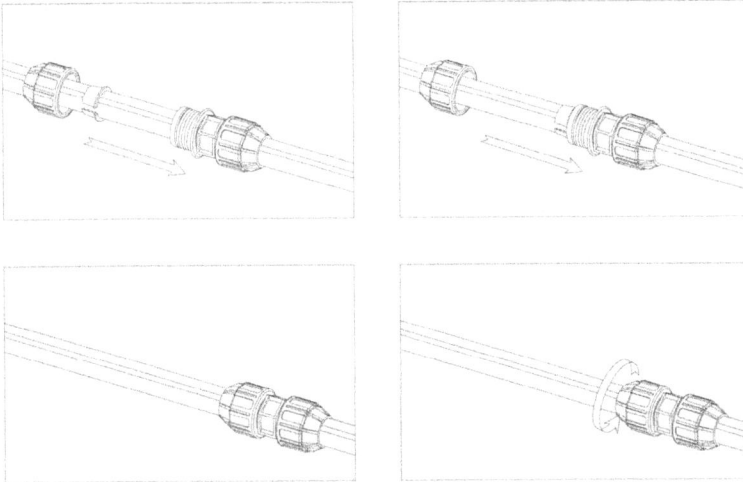

Figura 5.30. Montaje de fittings

En el montaje de los *fittings* no es necesaria la utilización de elementos de estanqueidad como el teflón; ésta se consigue gracias a la junta de goma tórica. Sí será necesario en aquellas partes de los *fittings* donde la estanqueidad no dependa de una junta de goma, como ocurre en todas las piezas con terminación roscada tipo macho.

Para el apriete de los *fittings* se utilizan mordazas y/o grifas (según tamaño de la pieza), sin ser necesario forzar las piezas, pues éstas son estancas con un moderado apriete. En caso de un apriete forzado, puede llegarse a la rotura de la pieza.

- **Fittings** (electrofusión): tipo especial de unión (en el riego) que se utiliza en las tuberías de polietileno, cuyo fundamento se basa en realizar una soldadura entre pieza y tubería de modo que se cree de forma virtual una tubería de una única tirada.

Para la **electrofusión** se utilizan unas piezas especiales dotadas de una resistencia que permite el fundido de la pieza con las tuberías. Su instalación tiene el siguiente proceso:

La tubería y la pieza deben estar perfectamente secas y limpias. Para ello se puede utilizar un papel secante que elimine cualquier suciedad que comprometa la soldadura. A continuación se procede al rascado de la tubería mediante un aparato llamado rascador. La función del rascado es mejorar la superficie haciéndola porosa. A continuación se introduce la pieza a fondo y se colocan los electrodos en los bornes.

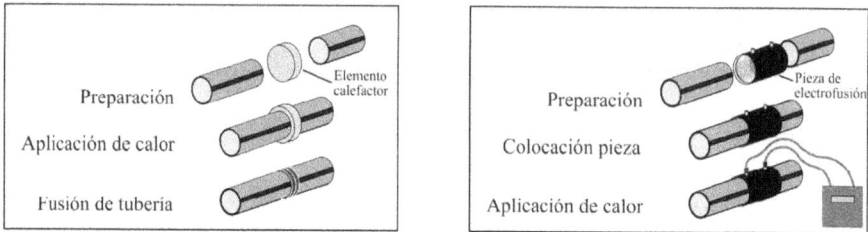

Figura 5.31. A la izquierda, soldadura a tope. A la derecha, electrofusión

Se selecciona el tiempo de fusión en función del diámetro y tipo de pieza (el proceso está automatizado en la mayoría de las máquinas de electrofusión actuales). Tras la electrofusión se debe respetar el tiempo de enfriado que está marcado en las propias piezas.

Existen multitud de piezas para electrofusión; las más representativas son:

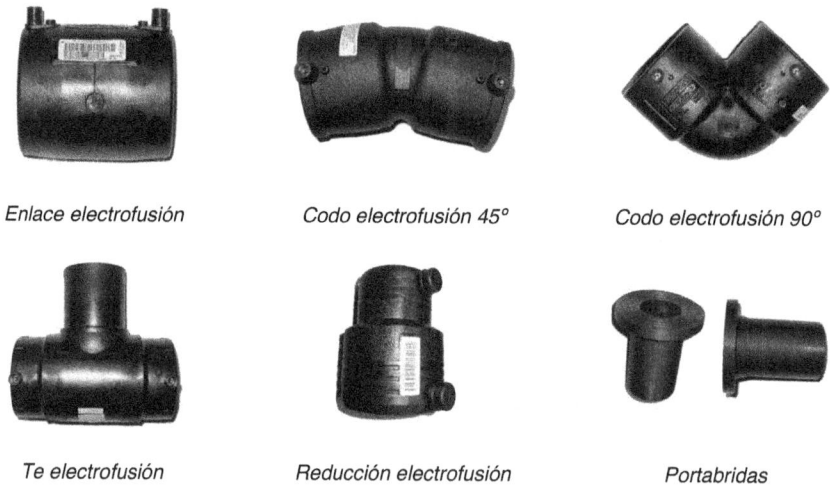

| Enlace electrofusión | Codo electrofusión 45° | Codo electrofusión 90° |

| Te electrofusión | Reducción electrofusión | Portabridas |

Figura 5.32. Piezas de electrofusión

- **Elementos de estanqueidad**: las roscas necesitan materiales de estanqueidad para impedir las fugas de agua. Ampliamente utilizada es la **cinta de teflón**, pues con unas vueltas en las roscas macho es muy eficaz a la hora de conseguir la estanqueidad.

    También se utiliza el **cáñamo** (estopa); con él es factible poder aflojar las roscas sin que haya pérdida de estanqueidad (el teflón pierde sus propiedades si se afloja la rosca).

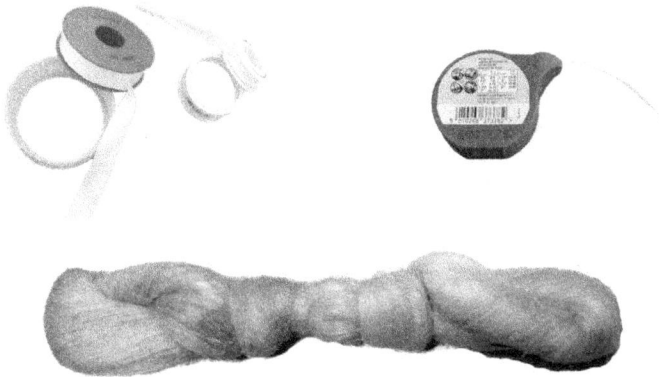

Figura 5.33. En las figuras superiores, cinta e hilo de teflón. En la inferior, cáñamo

Una buena opción es la combinación de ambos; primeramente se coge un "mechón" de cáñamo suficiente para cubrir la rosca, aportando unas vueltas de teflón para mejorar la lubricación durante el proceso de roscado.

- **Cabezal de riego**: es el conjunto de piezas (válvulas) de automatización y regulación de riego que se localizan en una arqueta. Son piezas imprescindibles en el cabezal de riego:

    - *Válvula de esfera*: en caso necesario debe poder anularse el riego de forma manual. Al menos debería haber una por cabezal.

    - *Electroválvula*: será necesaria una electroválvula por sector de riego.

Además, irán instaladas todas las válvulas o filtros que sean necesarios. Todas estas válvulas y filtros irán conexionadas mediante piezas roscadas.

Figura 5.34. Cabezal de riego de una electroválvula (izquierda) y dos electroválvulas (derecha)

Figura 5.35. Cabezal de riego de tres electroválvulas (izquierda) y otro preparado para un sector de goteo (derecha)

Existen en el mercado piezas prefabricadas en polietileno, polipropileno y PVC que facilitan el montaje de las válvulas mediante el empleo de roscas locas e incluso con varias salidas para los diferentes sectores. Son piezas no profesionales, con una resistencia y durabilidad reducida, y siempre limitadas para pequeños diámetros.

Figura 5.36. Pieza prefabricada para montaje de válvulas

En un sistema de riego suele haber más de un cabezal de riego, localizados en arquetas y distribuidos por la zona ajardinada.

La configuración o forma de colocar las electroválvulas puede ser muy variada y dependerá en gran parte de las medidas a las que tiene que ajustarse el cabezal de riego. También influye el tipo de sector de riego. Es decir, para los sectores de aspersión y difusión el volumen de las válvulas que lo conforman es muy inferior al de un sector de riego por goteo en el que además de la electroválvula hay que añadir la válvula reductora de presión, el prefiltro protector de dicha válvula y un filtro de anillas que proteja de la obturación los goteros. A esto hay que añadir el necesario espacio que debe existir dentro de la arqueta para la manipulación y mantenimiento de los filtros y la válvula reductora de presión.

A continuación se pueden observar algunos ejemplos de cabezales de riego dentro de sus arquetas y las diferencias entre sectores de aspersión y difusión y sectores de riego por goteo.

*Cabezal de 3 electroválvulas de 1 ½"
con regulador de caudal, con tubería
principal de 63, válvula de esfera de 2" y
tuberías de sector de 50. Entrada con
terminal de metal y salidas con
terminales de polietileno. Sectores de
aspersión.*

*Cabezal de 2 electroválvulas de 1 ½" con
regulador de caudal, con tubería principal y
de sector de 50. La válvula de esfera es de
1 ½", la entrada es un codo de polietileno y
las salidas terminales de polietileno.
Sectores de aspersión.*

Figura 5.37. Ejemplos de colocación en arquetas de cabezales de riego

*Cabezal de 1 electroválvula de 1" con
solenoide de impulsos, con tubería
principal de 40, filtro protector del
reductor de 1 ¼", válvula reductora de la
presión de 1" y filtro de anillas de ¾".
Salida con terminal de polietileno y
tubería de sector de 32.
Es un sector de goteo.*

*Cabezal de 3 electroválvulas de 1" con
regulador de caudal y solenoide de
impulsos, con tubería principal de 32 y
tuberías de sector de 32. La entrada es
una te rosca hembra de polietileno y las
salidas son terminales de polietileno.
Son sectores de aspersión.*

Figura 5.38. Ejemplos de colocación en arquetas de cabezales de riego

5.5 MONTAJE Y REGULACIÓN DE ELECTROVÁLVULAS

Prácticamente la totalidad de las electroválvulas utilizadas en jardinería tienen tomas roscadas para su conexión. Salvo excepciones, sus conexiones son hembras; el tamaño mínimo es ¾", siendo los más frecuentes de 1" y 1 ½".

Las electroválvulas tienen polaridad, es decir, son unidireccionales; por ello en el montaje es imprescindible observar el marcaje grabado en el cuerpo de la electroválvula que indica el sentido del flujo de agua.

La electroválvula es uno de los elementos más delicados de la instalación, son frecuentes problemas de "trasroscado" o por esfuerzos laterales sobre el solenoide.

Algunas electroválvulas tienen dos tipos de configuraciones: en línea o en ángulo. La diferencia se encuentra en la forma de la entrada del agua (con la entrada en ángulo el agua entra por la parte inferior de la electroválvula).

Algunos modelos de electroválvulas disponen de regulador de caudal.

Estas electroválvulas se utilizan en aspersión y difusión para adecuar el caudal al necesario para el sector (inducen una pérdida de carga y estrangulamiento de caudal que evita que la presión de funcionamiento de los aparatos sea muy alta).

En este caso, la regulación suele ser mediante roscado de un mando accionador situado en la parte superior del cuerpo de la electroválvula.

También hay modelos de electroválvulas que permiten la instalación sobre el solenoide de un regulador de presión.

Una vez instalada la electroválvula, se procede a realizar la conexión de los cables del solenoide (de la electroválvula) con los cables provenientes del programador. Dicha instalación debe realizarse con conectores preparados para las condiciones de humedad existentes en la arqueta.

| Conexión de cables en instalación subterránea de baja tensión. Estanco a la humedad. | Conexión de cables en instalación subterránea de baja tensión. Estanco a la humedad. | Conexión de cables hasta condiciones sumergidas de baja tensión. Hermético a la inmersión. |

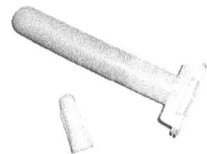

Figura 5.39. Conectores para diferentes usos y secciones de cable

5.6 MONTAJE Y REGULACIÓN DE VÁLVULAS

- **Válvulas de corte**: la instalación de las válvulas de corte es relativamente sencilla. En el caso de las válvulas de esfera, son roscadas (mayoritariamente hembras) y no tienen polaridad, por lo que el montaje dependerá de la conveniencia de instalación.

  La palanca accionadora sobresale de la válvula de corte, por lo que puede chocar con otras válvulas o con la pared de la arqueta, por lo que se debe prestar atención durante el montaje para que pueda abrir y cerrar con facilidad.

- **Válvulas reductoras de presión**: las válvulas reductoras de presión tienen varios métodos de unión, aunque los más usuales son las tomas roscadas y las tomas por rosca loca. Es preferible el segundo método, pues facilita el montaje y el mantenimiento de la válvula.

  Es imprescindible observar antes del montaje cómo se realiza la regulación de la válvula y la posición del manómetro, pues ambos deben ser visibles y manipulables una vez instalada.

  Las válvulas reductoras tienen polaridad, marcada con el grabado de una flecha indicadora del sentido del flujo del agua.

  Son válvulas que vienen taradas de fábrica a una presión determinada; en la mayoría de los casos es necesario variarla. El procedimiento para la regulación de la presión es el siguiente:

  - Apertura del sector del riego.

  - Llenar la instalación esperando a que el agua llegue a todos los emisores.

  - Accionar el mando regulador (varía según el modelo de válvula) a la presión deseada.

  - Cerrar el paso de agua y volver a abrir para comprobar si la regulación ha variado.

  - Si es necesario, volver a accionar el mando regulador hasta alcanzar la presión de trabajo óptima.

- **Filtros**: los filtros son unidireccionales, llevan grabado el sentido en que debe fluir el agua.

  Los filtros tienen un caudal máximo admisible, de manera que se dimensionarán en función del caudal necesario para la instalación. En determinadas circunstancias se elegirá un tamaño superior de filtro para reducir el mantenimiento, al conseguir espaciar más las operaciones de limpieza.

  Al realizar la instalación de un filtro es necesario garantizar que exista un espacio suficiente para su desmontaje y limpieza.

5.7 INSTALACIÓN DE ARQUETAS

Las arquetas son registros de válvulas, derivaciones, o de cualquier elemento o parte del sistema de riego que se considere importante. Aunque las arquetas se pueden realizar de obra de fábrica cuando las circunstancias o el tamaño del elemento que hay que registrar lo requiera, lo usual es utilizar arquetas de riego prefabricadas.

Para la instalación correcta de arquetas, es conveniente seguir una serie de recomendaciones de cara a evitar problemas futuros de conservación y mantenimiento:

- La arqueta es preferible no cortarla por su parte inferior, para lo cual las tuberías deberán estar justo por debajo de ella. Para un correcto asentamiento se pueden utilizar como base ladrillos que evitarán hundimientos y ayudarán a realizar una instalación nivelada.

- La arqueta debe sobresalir del terreno un poco, para evitar que quede enterrada o invadida por la pradera o tierra, pero no demasiado, pues de lo contrario se corre el riesgo de que sea alcanzada por la segadora con el consiguiente daño para la máquina.

- Lamentablemente, el vandalismo es alto en las arquetas de riego (en las que están registradas piezas costosas) y eso obliga a protegerlas cada vez más. Algunas arquetas permiten la utilización de medios antivandálicos como tornillos de cierre especiales, candados o la sustitución de la tapa por una más resistente (hormigón, fundición…)

Figura 5.40. Tapa de hormigón antivandálica

5.8 MONTAJE Y REGULACIÓN DE ASPERSORES Y DIFUSORES

Los emisores toman el agua de una derivación en la tubería secundaria o de sector. Tras la derivación se realizarán mediante diferentes tipos de instalaciones la colocación del emisor en el lugar adecuado. Dichos métodos pueden combinarse si las circunstancias así lo requiriesen.

- **Derivación mediante collarín de toma**: los collarines son piezas que abrazan la tubería y tienen una salida roscada. La estanqueidad se consigue mediante una junta de goma. Tras el montaje se realiza una perforación en la tubería del mayor diámetro posible. Para las salidas a emisores se utilizan collarines de polietileno, pues aportan suficiente seguridad para este uso. Los collarines tienen una salida roscada hembra, y para este cometido suelen usarse de ½" o de ¾", puesto que la mayoría de los emisores tienen sus tomas para esas dimensiones. Lógicamente, para emisores de gran alcance los diámetros son muy superiores.

Figura 5.41. Collarín de polietileno

- **Derivación mediante te roscada**: es una pieza de polietileno con dos conexiones para tubería en sus extremos y una salida roscada perpendicular. Este método aporta una mayor seguridad y aumento en el paso de agua respecto al método anterior.

Figura 5.42. Te mixta rosca hembra

INSTALACIÓN DEL EMISOR

Una vez que está preparada la derivación, existen varios métodos de instalación de los aspersores y difusores; se exponen a continuación los más habituales.

- **Técnica 1: Montaje sobre la tubería**: los emisores irán montados directamente sobre la tubería, conexionados mediante una bobina de PE recortable. Es un método sencillo pero con numerosos inconvenientes:

- El emisor sólo puede ir encima de la tubería, con lo que si fuera necesario moverlo se tendría que mover la tubería.

- Es muy complejo realizar la instalación alrededor de la obra civil (aceras, construcciones) por la existencia de las cimentaciones. Aún más complicado es el montaje en las esquinas.

- La tubería debe ir a una profundidad insuficiente, pues la bobina es una pieza de dimensiones reducidas.

- La instalación se realiza a una profundidad difícilmente ajustable. La altura del terreno varía con el paso del tiempo, quedando los emisores con el tiempo a una altura inadecuada.

- Las bobinas son generalmente piezas muy rígidas. Una tensión lateral producida por un golpe o un gran peso puede llevar a su rotura.

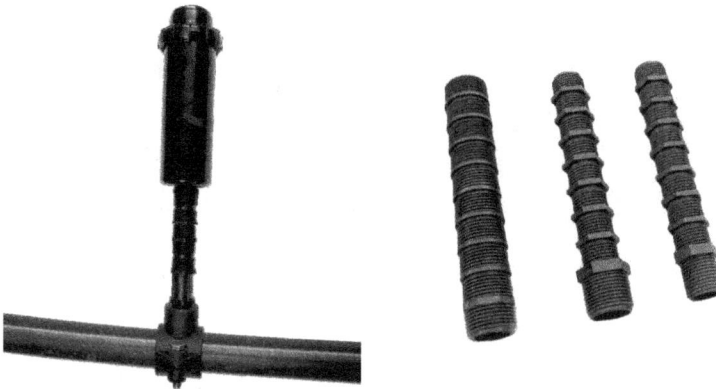

Figura 5.43. Montaje de emisor sobre la tubería

- **Técnica 2**: **Montaje con tubería auxiliar**: la tubería auxiliar suele ser de diámetro 25 mm para aspersores y de 20 mm para difusores, aunque se ha generalizado el uso de tubería flexible de 16 mm que conecta el emisor con la pieza de derivación (collarín o la te).

La tubería flexible es una tubería polietileno de diámetro 16 mm y capaz de soportar presiones de hasta 6 atm (no confundir con la tubería de goteo de timbraje 4 atm). Para conectar esta tubería se utilizan unas piezas estriadas de presión (parecidas a las de goteo pero específicas para la tubería flexible).

Las ventajas de este método son:

- El emisor puede moverse en un radio relativamente grande a partir del collarín con solo desenterrar la tubería flexible. Se puede así corregir errores en la instalación, etc.

– Se puede instalar en esquinas y también pegado a obra civil sin que sea necesario que la tubería secundaria pase exactamente por esos lugares.

– Con la tubería flexible se puede profundizar y levantar si fuera necesario enterrar o elevar el emisor.

– Si los emisores con el tiempo quedan a una altura inadecuada, se puede modificar fácilmente la altura manipulando la tubería auxiliar.

– Al contrario de las bobinas, la tubería es flexible, por lo que es capaz de soportar sobrepresiones del exterior.

Figura 5.44. Detalle de montaje sobre tubería auxiliar

Figura 5.45. Detalle de montaje sobre tubería auxiliar

- **Técnica 3: Montaje con codo articulado**: método especial de instalación, aconsejado para aspersores de gran caudal y alcance. Es una técnica común en grandes praderas y campos deportivos, que facilita la colocación y nivelación de los aspersores.

El codo articulado es una pieza rígida con los extremos orientables que permite la conexión con la pieza de derivación de la tubería secundaria. Realmente está compuesto por tres codos articulados.

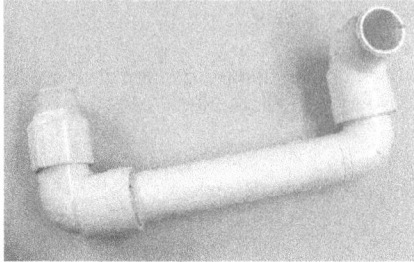

Figura 5.46. Codo articulado

5.9 MONTAJE Y REGULACIÓN DE GOTEO

Cabe recordar que para evitar problemas por falta de caudal y presión en una parrilla de goteo debe estar alimentada de forma cuantiosa, sobre todo si la instalación es extensa, debido a que el caudal que pasa por una tubería de 16 mm es muy limitado y también se produce una gran pérdida de presión por su reducido diámetro. Por ello en un sector de riego por goteo existirán numerosas derivaciones desde la tubería secundaria o de sector.

La derivación desde la tubería secundaria es idéntica a la comentada para el sistema de aspersión.

La instalación de alimentaciones se realiza desde el collarín con tubería de Ø 16 mm directamente.

Figura 5.47. A la izquierda, tes 16. A la derecha, codos 16

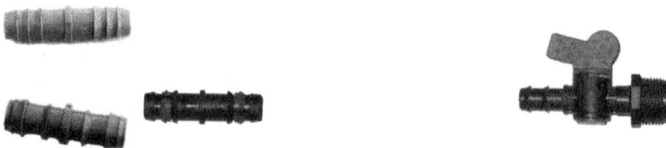

Figura 5.48. A la izquierda, enlaces 16. A la derecha, válvula 16 – ½"

Las piezas de unión y derivación para la tubería de 16 mm son piezas que se instalan a presión. Es importante seleccionar piezas de calidad para incrementar la durabilidad y evitar innecesarios costes de mantenimiento.

Como ya se comentó en el capítulo 2, uno de los graves problemas de los sistemas de riego localizado es la presencia de cuerpos sólidos que obstruyan los goteros. Para evitar en la medida de lo posible la succión por los goteros (fuente de obstrucción), se instalan ventosas que favorezcan la entrada de aire en la tubería.

Las ventosas para instalaciones de goteo son pequeños elementos que favorecen tanto la purga como el llenado de la instalación de aire. Por su reducido tamaño, su instalación es sencilla, acoplándose una te de 16 roscada tal como se puede ver en las siguientes imágenes:

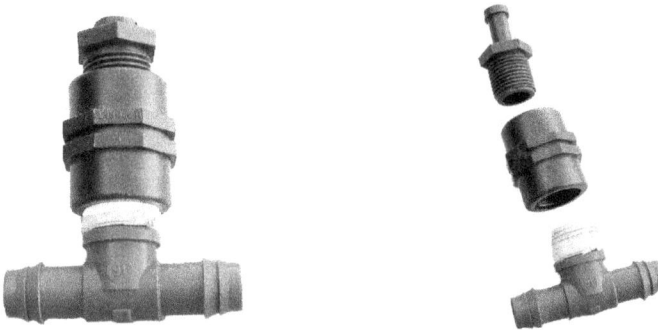

Figura 5.49. Detalle de montaje de ventosas

Existen en el mercado diferentes tipos de ventosas adecuadas para sistemas de riego por goteo, sirve cualquiera de ellos (preferiblemente con fieltro a modo de filtro en la admisión de aire).

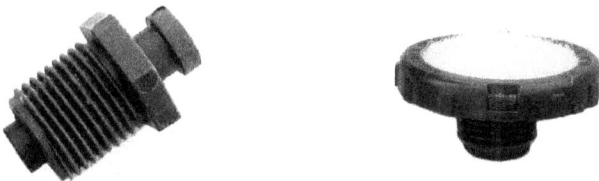

Figura 5.50. Diferentes tipos de ventosas

Regla de oro
Previamente al montaje de emisores y cuando ya están preparadas las derivaciones de la instalación, es imprescindible la limpieza o purgado del sistema de riego para evitar la obturación por barro, restos de tubería y otras impurezas que entran en el sistema durante las operaciones de montaje. Para ello se dejarán preparadas las tomas para instalar los emisores o el goteo y se abrirá la válvula para que el agua expulse todos los elementos extraños que haya en las tuberías.

5.10 INSTALACIÓN DE HIDRANTES

Dependiendo del tipo de hidrante la instalación varía, aunque tienen en común la importancia de realizar un montaje adecuado, pues siempre están en carga y además son piezas en las que se ejercen presiones externas que pueden provocar alguna rotura. Es esencial por tanto elegir piezas de calidad.

- Las **bocas de riego** de fundición suelen tener una conexión bridada con un diámetro nominal DN 40, debido a que están diseñadas para conexionarse a piezas de fundición. Son piezas, en general, muy pesadas, y deben utilizarse piezas metálicas para su instalación y evitar roturas por su peso.

En las siguientes figuras se pueden observar los montajes más habituales:

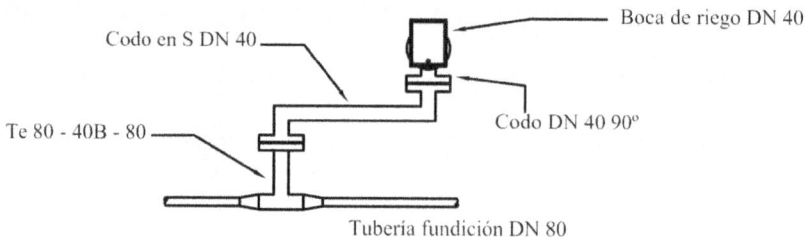

Figura 5.51. Montaje sobre codo en S

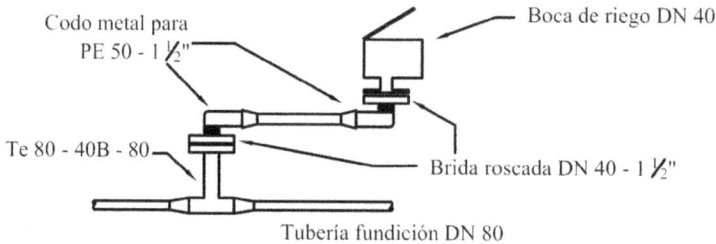

Figura 5.52. Montaje sobre tubería auxiliar

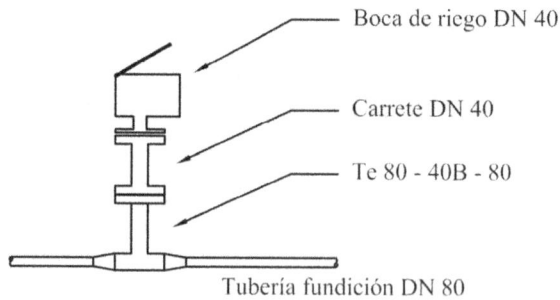

Figura 5.53. Montaje sobre tubería principal con carrete

- Los **hidrantes de acople rápido** tienen una conexión roscada, de ¾" o de 1", dependiendo del tamaño del hidrante. Es por ello que se pueden conectar directamente encima de la tubería principal o sacar una derivación para colocarlos en otro sitio. También es importante que las piezas de unión sean metálicas, porque durante la conexión de la manguera se realizan importantes esfuerzos laterales sobre el hidrante. Se aconseja hormigonar la parte inferior del hidrante para aumentar su resistencia a esfuerzos externos.

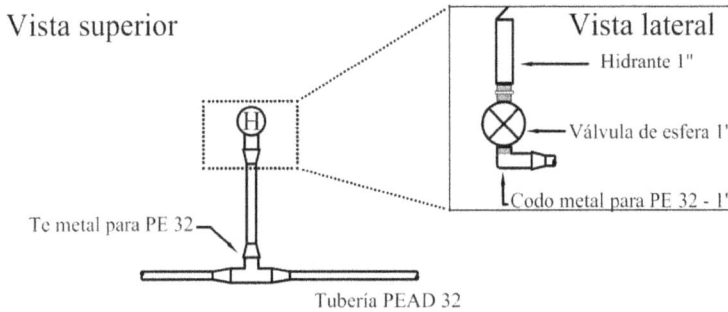

Vista superior

Vista lateral

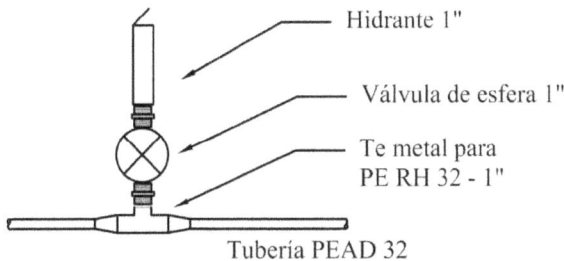

Hidrante 1"

Válvula de esfera 1"

Codo metal para PE 32 - 1"

Te metal para PE 32

Tubería PEAD 32

Figura 5.54. Montaje sobre tubería auxiliar

Vista lateral

Hidrante 1"

Válvula de esfera 1"

Te metal para
PE RH 32 - 1"

Tubería PEAD 32

Figura 5.55. Montaje sobre tubería principal

- Para los **grifos de jardín** será necesario sacar una toma de agua y mediante codos conseguir una tubería pegada a un muro o pedestal. En este caso la tubería que asciende no interesa que sea de polietileno, sino de otro material rígido y estético, como el cobre.

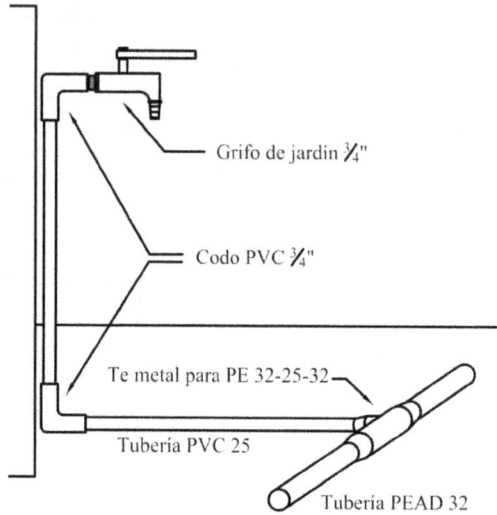

Figura 5.56. Montaje de grifo de jardín

5.11 INSTALACIÓN DE PROGRAMADORES

La instalación de los programadores varía dependiendo del tipo seleccionado.

- **Programador autónomo**: puede colocarse en un lugar cercano, pero lo habitual es instalarlo en la misma arqueta. La instalación en arqueta es sencilla. El programador debe colgar de una alcayata o tornillo que se coloca en la pared de la arqueta.

En cuanto al cableado, hay que seguir el siguiente esquema:

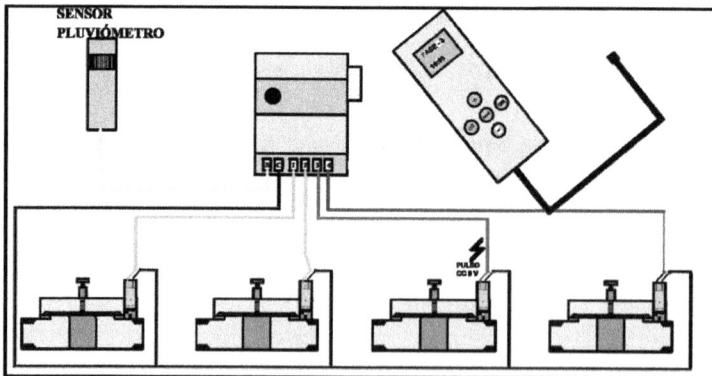

Figura 5.57. Representación de instalación con programador autónomo

Figura 5.58. Programador autónomo

Los cables negros (común) de todas las electroválvulas se conectan en uno y se acopla al cable de la conexión "C" del programador. Los cables rojos irán a cada una de las conexiones numeradas de la regleta del programador.

- **Programador centralizado**: los programadores centralizados tienen una instalación mural. Existen modelos preparados para soportar la intemperie (protección IP suficiente, X7) y otros que tienen que ser instalados en interior. Los programadores de interior llevan un transformador de corriente externo, mientras que los de intemperie lo llevan instalado de forma interna.

En ambos casos el cableado es similar al de los programadores autónomos, salvo por la entrada de corriente al programador.

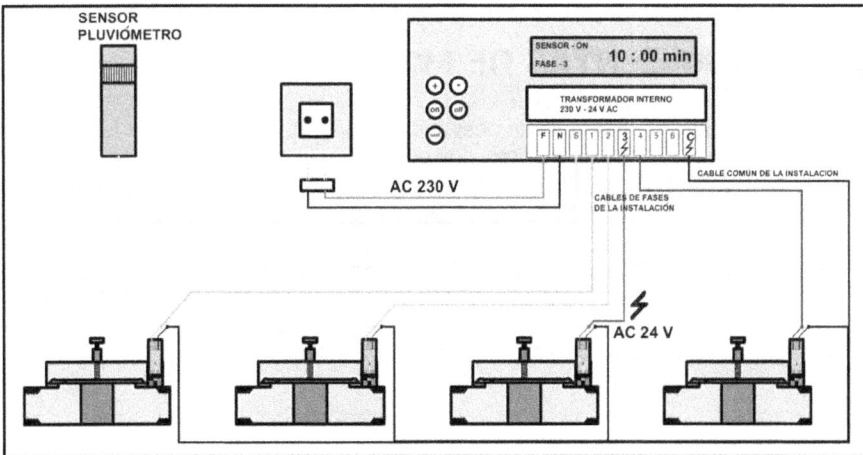

Figura 5.59. Representación de instalación con programador autónomo

- **Programador centralizado con decodificadores**: el montaje de decodificadores necesarios para el sistema de programación de dos hilos es similar al de los programadores autónomos.

Figura 5.60. Decodificador

De modo general y para todos los tipos de programadores, se debe tener en cuenta:

- Todas las conexiones eléctricas deben quedar registradas en las arquetas.

- Todas las conexiones eléctricas deben realizarse mediante conectores estancos adecuados.

- Los sensores se conectan con dos cables a la regleta del programador en la zona indicada para ello.

5.12 HERRAMIENTAS DE MONTAJE

Hay una serie de herramientas específicas básicas (la mayoría de las veces muy desconocidas) para un instalador de riego que garantizan un montaje eficiente y seguro.

- **Mordaza**: la mordaza es una tenaza de mandíbula graduable que puede ajustarse a los diferentes tamaños de las piezas; no obstante se utiliza para tamaños reducidos. La boca de la mordaza presenta estrías en su superficie que favorecen el agarre y aseguran una sujeción firme en todo tipo de materiales. Suele emplearse para diversas tareas de instalación y regulación, siendo una de las herramientas más polivalentes.

Figura 5.61. Mordaza

Las mordazas se comercializan en varios tamaños, siendo el más adecuado para el montaje de riego el de 10" de longitud.

- **Llave grifa**: la llave grifa o Stillson es una llave ajustable utilizada para piezas de tamaño medio. El ajuste de la mandíbula de la grifa se realiza mediante una cremallera ajustable con un anillo roscado. Al igual que la mordaza, la grifa tiene la boca con estrías para mejorar la sujeción.

Figura 5.62. Llave de grifa

La llave de grifa debe utilizarse con precaución, pues es una herramienta con un gran par de apriete y es posible romper las piezas si se ejerce demasiada fuerza, en especial con las llaves de mayor tamaño.

- **Llaves de cadena**: llaves que sirven para apretar piezas de diámetros grandes, en aquellos lugares en los que no se pueden utilizar grifas, bien porque no hay espacio físico, o bien porque se requeriría una grifa de gran tamaño.

Su funcionamiento se basa en una cadena que rodea la parte que hay que apretar y se ancla a un mango por ambos lados. En dicho mango se ejerce la fuerza, sirviendo éste de palanca.

- **Tijeras cortatubos**: las tuberías se pueden cortar con sierra, pero para realizar un corte limpio y recto lo mejor es utilizar unas tijeras cortatubos. Se trata de unas tijeras de una única hoja y tamaño de corte ajustable para permitir su uso en tuberías de diferente diámetro.

Existen tijeras cortatubos adecuadas para cortar tuberías de gran diámetro.

Figura 5.63. Tijeras cortatubos de gran diámetro

- **Reguladores de emisores**: la mayoría de los aspersores y difusores utilizan herramientas reguladoras del ángulo de riego.

- **Sacabocados para gotero**: herramienta que se utiliza para la instalación de goteros pinchados en tubería.

  Es una pequeña y sencilla herramienta que posee una corona de corte de reducido tamaño, cuya función es sacar una porción de tubería, dejando un pequeño orificio para la instalación del gotero.

  También es habitual la utilización de un punzón calibrado para la realización del orificio mediante presión.

  Ambas son herramientas que se pueden utilizar en tuberías de polietileno de hasta diámetro 25 mm.

- **Estrangulador o pinzador**: herramienta que se utiliza para cortar el paso de agua en una tubería sin cerrar ninguna válvula de corte (ver capítulo 5, apartado de acometidas).

- **Sierra de corona**: pequeña herramienta para taladro cuya función es perforar tuberías a través de collarines con un paso de agua adecuado en instalaciones de riego. No es habitual su uso, siendo sustituido por el uso de una broca de gran diámetro (hasta collarines con salidas de ¾").

- **Toma en carga**: máquina para realizar acometidas de agua en tuberías con presión (ver capítulo 5, apartado de acometidas).

- **Máquina de electrofusión**: máquina para el montaje de piezas o *fittings* electrosoldables (ver capítulo 5, apartado de piezas de unión). En el proceso de montaje de piezas de electrofusión es necesario utilizar:

  - *Rascador.* Herramienta para eliminar la primera capa de la tubería de polietileno de forma rápida, dejando una superficie apropiada para la soldadura, sin suciedad ni imperfecciones.

  - *Alineador.* En tubería de diámetro superior a 90 mm puede ser necesario el empleo de herramientas de alineación de las tuberías para que se produzca una soldadura de calidad y sin puntos débiles.

Capítulo 6

CÁLCULO DEL TIEMPO DE RIEGO

6.1 EVAPOTRANSPIRACIÓN

Del agua que absorben las plantas del suelo solo una parte es utilizada en procesos de crecimiento o fotosíntesis. Esa parte es insignificante con respecto al agua que necesita transpirar la planta. Es por ello que se puede considerar que toda el agua que recoge una planta la pierde por transpiración (sistema de refrigeración y de mantenimiento de temperatura).

El sol, las altas temperaturas, el viento y la baja humedad atmosférica provocan la evaporación del agua que se encuentra en el suelo, suponiendo una pérdida de agua muy importante.

La transpiración y la evaporación se aúnan en el concepto de **evapotranspiración**. La evapotranspiración (ET) es la cantidad de agua que representa la suma de la evaporación directa desde el suelo y la transpiración propia de las plantas. En definitiva, es el agua necesaria que hay que aportar a las plantas para su mantenimiento.

Naturalmente, la evapotranspiración depende de las especies vegetales que componen el jardín, de la densidad de plantación y de las condiciones microclimáticas tanto de la zona como del entorno.

La transpiración depende de la especie vegetal y su adaptación al entorno. Es por ello que un jardín se debe diseñar por zonas de necesidades de riego o **hidrozonas**. También la densidad de plantación influye; una zona con muchas plantas tiene menor evapotranspiración que otra con menor densidad debido al efecto sombra sobre el suelo (disminuye la evaporación).

Por último, dentro de un jardín hay zonas con diferentes microclimas, como pueden ser zonas de sombra, o zonas con fuertes vientos, o los límites del jardín (efecto borde)…

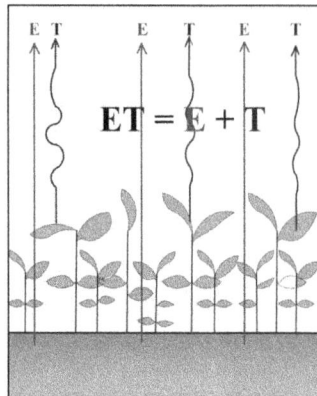

$$ET = E + T$$

Figura 6.1. La evapotranspiración es la suma del agua transpirada por las plantas y del agua evaporada desde el suelo

Se define la **evapotranspiración potencial** (ETP) como la máxima cantidad de agua que puede evaporarse desde un suelo completamente cubierto de vegetación herbácea, que se desarrolla en óptimas condiciones, en el supuesto caso de no existir limitaciones en la disponibilidad de agua.

Para el cálculo del tiempo de riego se necesita la ETP en el mes de máximas necesidades (normalmente julio) calculada para una pradera cespitosa ornamental. Los datos de ETP son muy diversos según la región en la que se encuentre la zona que hay que regar, y aunque se puede calcular requiere de una serie de datos difíciles de obtener. Lo más práctico es pedir los datos a la estación meteorológica más cercana o en su defecto al instituto meteorológico regional que recoge las mediciones.

La ETP debe ser corregida en concepto de:

- **Eficiencia de riego**: no existen riegos perfectos en los que no haya arrastre del agua por parte del viento, escorrentía y percolación. Se estima que la eficiencia de un sistema de riego por **aspersión y difusión** es del 80 al 85%, por lo que la ETP debe incrementarse en un 15 ó 20%, así se obtienen las **necesidades de riego**. La eficiencia del **riego localizado** es del 90 al 95%, por lo que se realizará un incremento del 5 al 10%.

- **Especie**: la ETP está calculada para pradera, por lo que se emplearán factores correctores según la especie que hay que regar, estos datos valen para tener una aproximación:

	Factor corrector
Césped y praderas	1
Arbustos con altas necesidades de agua	0,8–0,5
Arbustos con bajas necesidades de agua	0,5–0,2
Flor de temporada	1

6.2 NECESIDADES HÍDRICAS

El contenido de agua en el suelo varía a lo largo del tiempo debido a que tiene aportes y retiradas de agua. Los aportes de agua pueden ser, bien por la lluvia, o bien por el riego. Las retiradas de agua se deben a la evapotranspiración, a la escorrentía y a la percolación o filtración profunda del agua.

La cantidad de agua aportada por la lluvia es considerable durante algunos meses al año, pero en otros es prácticamente inapreciable, coincidiendo esta circunstancia precisamente con el período de máximas necesidades de las plantas. Es por ello que se puede considerar que el agua aportada esos meses depende exclusivamente del riego.

En conclusión, las necesidades hídricas que se utilizarán para el cálculo de los tiempos de riego serán la ETP corregida que se haya calculado.

6.3 PLUVIOMETRÍA DE LOS EMISORES

La pluviometría es la cantidad de agua que emite el emisor por unidad de superficie.

$$Pluviometría[l/m^2]= \frac{Caudal[l]}{Superficie[m^2]}$$

Hay que tener en cuenta que la pluviometría de un aspersor que gira 360° es menor que uno que gire 90° (riega una superficie 4 veces mayor), a no ser que se utilicen boquillas especiales con diferente pluviometría en función del radio de giro (en la práctica no es frecuente la utilización de diferentes boquillas).

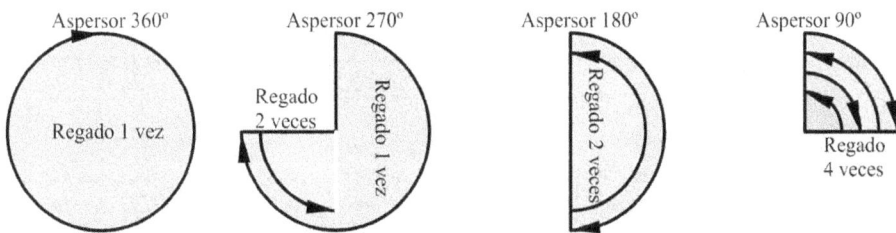

Figura 6.2. Representación de la pluviometría

A modo de aproximación se pueden utilizar los datos facilitados por los fabricantes de emisores, en los que ofrecen la pluviometría media (ver capítulo 2, apartado *Emisores*).

TIEMPO DE RIEGO

Una vez conocida la pluviometría de los emisores y las necesidades de riego del jardín se podrá calcular el tiempo de riego:

$$Tiempo\,de\,riego\,[h\,/\,día] = \frac{Necesidades\,de\,riego\,[l/m^2 \cdot día]}{Pluviometría\,emisor\,[l/m^2 \cdot h]}$$

- **Tiempo de riego en sectores de aspersión**: a modo ilustrativo se realiza un ejemplo práctico para estimar el tiempo de riego de un sector para una pradera de césped ornamental formado por aspersores de medio alcance en el mes de máximas necesidades:

  Las necesidades de riego diarias en el mes de julio se corresponden con la evapotranspiración potencial para la zona y el césped ya corregida y aumentada un 15% en concepto de eficiencia de aplicación de riego. Dichas necesidades son de 6 mm/día (o l/m^2 y día).

  La pluviometría de un aspersor de medio alcance según las tablas del fabricante (ver capítulo 2) para la tobera estándar es de 13 mm/hora.

$$Tiempo\,de\,riego = \frac{6\,l/m^2 \cdot día}{13\,l/m^2 \cdot h} = 0{,}46\,horas\,/\,día \approx 28\,\min/\,día$$

  En cualquier caso son tiempos diarios, que deben ser incrementados si no se riega todos los días, siendo bastante frecuente el riego sólo 6 días a la semana en jardinería privada y de 5 días en jardinería pública (no se riega los fines de semana de cara a evitar actos vandálicos).

$$Tiempo\,J.\,privada\,[6\,días] = \frac{28\,[\min/día] \times 7\,[días]}{6\,[días\,de\,riego]} = 32\,\min/día\,de\,riego$$

$$Tiempo\,J.\,pública\,[5\,días] = \frac{28\,[\min/día] \times 7\,[días]}{5\,[días\,de\,riego]} = 39\,\min/día\,de\,riego$$

- **Tiempo de riego en sectores de difusión**: si en lugar de aspersores, en el sector se hubiesen instalado difusores con la tobera 15, el tiempo de riego se reduce, debido a que su pluviometría es mayor. Utilizando el mismo ejemplo anterior, se obtiene:

  Necesidades de riego: 6 mm/día (o l/m^2 y día).

Pluviometría según fabricante (ver capítulo 2, *Emisores*) para la tobera más utilizada (15 VAN): 41 mm/hora.

$$Tiempo\ de\ riego = \frac{6\ l/m^2 \cdot dia}{41\ l/m^2 \cdot h} = 0,15\ horas/día \approx 9\ min/día$$

Siendo el tiempo si se riega sólo 6 días a la semana 10 minutos, 13 minutos si son 5 días.

- **Tiempo de riego en sectores de riego localizado en zonas de plantación arbustiva**: en el caso del riego por goteo en zonas de plantación se aplicará la siguiente fórmula:

$$Tiempo\ de\ riego[h/dia] = \frac{Necesidades\ de\ riego[l/m^2 \cdot dia]}{N°\ goteros\ por\ m^2 \times Caudal\ del\ gotero[l/h]}$$

Un sistema de riego por goteo con un marco de 50 cm entre líneas y 50 cm entre goteros en la tubería portagoteros tiene una densidad de goteros por metro cuadrado de 4 (la densidad varía dependiendo de la disposición de las tuberías o de la distancia entre goteros).

A modo de ejemplo se calcula el tiempo de riego para un parterre de arbustos con altas necesidades de agua, en la misma zona:

- ETP de aromáticas en la zona: 6 mm/día x 0,6 = 3,6 mm/día.

- Necesidades de riego: 3,6 mm/día = 3,6 litros/m2 y día.

- Densidad de goteros: 4 goteros/m2.

- Caudal del gotero: 2,5 litros/hora.

$$Tiempo\ de\ riego = \frac{3,6}{4 \times 2,5} = 0,36\ horas/día \approx 22\ min/día$$

Como en los casos anteriores, se trata de riegos diarios, aunque en el caso de los sistemas de riego por goteo sí suelen programarse para que rieguen todos los días de la semana.

- **Tiempo de riego en sectores de riego localizado para arbolado de alineación**: un caso específico es el riego de arbolado de alineación, pues el riego depende de varios factores:

- *Número y caudal de emisores por árbol*. Independientemente del sistema de riego localizado que tenga el árbol (anillo de goteo, sistema enterrado de goteros, inundadores...) es imprescindible conocer ambos datos para calcular la pluviometría total del sistema que riega el árbol.

- *Especie*, *porte*, *estado sanitario de los árboles*... Dependiendo de estos factores se necesitará una dosis mayor o menor de agua para el mantenimiento del arbolado. Para consultar las necesidades de riego se debe recurrir a bibliografía especializada.

Para el cálculo del tiempo de riego de árboles de alineación se aplicará la siguiente fórmula:

$$Tiempo\ de\ riego(h/día) = \frac{Necesidades\ de\ riego(l/árbol \cdot día)}{Pluviometría\ del\ sistema(l/h)}$$

A modo ilustrativo se calcula el tiempo de riego para una especie muy extendida, el plátano de paseo (*Platanus hispanica*), con un sistema de riego basado en anillo de goteo con 4 goteros con una pluviometría de 2,5 l/h cada uno.

- Necesidades de riego del plátano de paseo = 16 l/día.

- Pluviometría del sistema = 4 x 2,5 = 10 l/h.

$$Tiempo\ de\ riego = \frac{16\ l/árbol \cdot día}{10\ l/h} = 1,6h = 96\min$$

Conviene tener en cuenta que los tiempos calculados son totales, por lo que si se divide en varias aplicaciones diarias la aportación de agua, el tiempo de riego también se debe fraccionar.

6.4 TIEMPOS DE RIEGO CALCULADOS Y LA REALIDAD

Si bien los tiempos de riego calculados podrían servir como guía, la experiencia dice que son los jardineros los que observan y modifican los tiempos de riego siguiendo un criterio visual, valorando el aspecto de las plantas y el suelo.

El ajuste de los tiempos de riego es una labor que deben realizar profesionales con experiencia y unos conocimientos mínimos en hidráulica y agronomía para evitar un consumo y derroche innecesario de un bien escaso como es el agua.

6.5 CONSIDERACIONES AL TIEMPO DE RIEGO

Para realizar un mantenimiento óptimo del jardín y de su sistema de riego hay que realizar un calendario anual de riego, en el que se exprese la cantidad de agua que hay que aportar de forma diaria a lo largo de los meses.

Los tiempos de riego calculados son para el mes de máximas necesidades. Durante los meses más cálidos será necesaria una mayor aportación, reduciéndose ésta según se avance hacia el período de tiempo más frío, hasta llegar a la suspensión del riego.

Aunque depende mucho de la temperatura, el régimen de lluvias y el tipo de suelo de la región en la que se encuentre la zona que hay que regar, un ejemplo aplicable a un clima continental con un suelo con capacidad de retención del agua normal sería el siguiente:

Mes	% del tiempo de riego máximo	Consideraciones
Enero	0%	Si el césped manifiesta necesidad, dar riego puntual.
Febrero	0%	Si el césped manifiesta necesidad, dar riego puntual.
Marzo	10%	Depende del régimen lluvioso.
Abril	30%	Aumento progresivo del tiempo de riego.
Mayo	60%	Mes variable, depende del régimen de temperaturas y de lluvias.
Junio	80%	Riego abundante.
Julio	100%	Riego abundante.
Agosto	95%	Riego abundante.
Septiembre	80%	Mes variable, depende del régimen de temperaturas y de lluvias.
Octubre	30%	Reducción progresiva del tiempo de riego.
Noviembre	10%	Depende del régimen lluvioso.
Diciembre	0%	Si el césped manifiesta necesidad, dar riego puntual.

Una vez realizado el calendario de riego adaptado a las condiciones de la zona verde, se puede calcular la cantidad total de agua que se consumirá anualmente, así como el consumo de agua en el mes de máximas necesidades. De esta forma puede valorarse si se dispondrá de la cantidad suficiente de agua en ese mes o si se eleva demasiado el consumo de agua anual (en algunas zonas la tarifa del agua varía según el consumo).

RECOMENDACIONES PARA UN APORTE DE RIEGO FAVORABLE Y EFICIENTE

- **Evitar regar en las horas centrales del día**: las horas centrales coinciden con las de máxima radiación solar, por lo que la evaporación del agua es mayor y la acción del sol sobre las gotas de agua puede provocar el efecto lupa, produciendo quemaduras en las hojas.

  Regando por la noche o durante las primeras horas de la mañana, se evitan molestias a los usuarios por ser horas con menor utilización de las zonas verdes.

- **Dividir los riegos de aspersión y difusión diarios en dos o tres aplicaciones**: al realizar varias aplicaciones de riego, se consigue una mejor absorción del agua por las plantas, se reduce la escorrentía y la pérdida de agua por percolación. En el caso del riego localizado puede ser contraproducente por dificultar la formación de la franja húmeda, por lo que en este tipo de riegos es preferible un único riego al día.

- **Utilización de sensores**: la instalación de sensores de lluvia, de viento, de humedad, etc., en el programador mejora la uniformidad del riego y minimiza los riegos innecesarios.

6.6 INFLUENCIA DE LAS PLANTAS Y EL SUELO EN LAS NECESIDADES DE AGUA Y EN SU FORMA DE APORTACIÓN

El crecimiento de las plantas influye en las necesidades de riego. Por un lado, un mayor crecimiento implica una mayor necesidad de agua para poder mantener la creciente superficie transpirante. Por otro, el desarrollo de las raíces permite la exploración de mayor terreno en busca de agua.

Es por ello que durante el desarrollo de las plantas es necesario dejar períodos de tiempo más secos para promover el crecimiento de las raíces y así favorecer un sistema de raíces más amplio y profundo.

Ocurre a menudo que una planta se "acostumbra" a un riego copioso y con una pequeña sequía o un cambio en el riego sufre e incluso llega a secarse. Es típico en árboles a los que durante sus primeros años se les da riegos frecuentes y una vez han alcanzado un tamaño suficiente se estima de forma errónea que ya podrían sobrevivir sin riego. Con los riegos frecuentes no se favorece el desarrollo radicular normal del árbol (no lo necesita debido a la cercanía del agua) y luego es incapaz de mantenerse sin el riego.

También las condiciones del suelo influyen en el riego. Dependiendo de la textura y estructura, de la porosidad, de la capacidad de infiltración y de retención del agua, los riegos deben adaptarse:

- **Suelos pesados**, arcillosos, necesitan riegos cortos y espaciados, debido a que se encharcan con facilidad.

- **Suelos ligeros**, arenosos, necesitan riegos largos y frecuentes, pues el agua se infiltra rápidamente.

Capítulo 7

OPERACIONES DE MANTENIMIENTO. PRINCIPALES AVERÍAS

Se describen en el presente capítulo las averías y las regulaciones más frecuentes que se deben llevar a cabo en las labores de mantenimiento de todo sistema de riego.

7.1 COMPROBACIÓN DE ASPERSORES

La comprobación de los aspersores es visual. Se abrirá el sector de riego y se comprobará que los alcances y los ángulos de giro son los correctos. Dependiendo de la calidad del agua, habrá que realizar con mayor o menor frecuencia la limpieza periódica de los filtros situados dentro del aspersor.

Las principales averías de los aspersores son:

PROBLEMAS POR ROTURA

- **El aspersor ha perdido la parte superior**: el aspersor ha sido partido o cortado con la segadora por estar demasiado alto en el terreno. Aunque el aspersor puede seguir funcionando, el sistema de regulación está afectado y es probable que no se pueda ajustar. En este caso se debe sustituir el aspersor enterrándolo más para evitar una nueva rotura.

Figura 7.1. El aspersor ha perdido la tapa de regulación

- **El aspersor se ha roto por la parte inferior**: el aspersor y/o la bobina en la que está montado se han roto por la parte inferior. Esto puede haber sido producido por un sobrepeso en el aspersor (vandalismo, rueda de vehículo). Se debe sustituir el aspersor o la pieza dañada, enterrando más (si es posible) para evitar el problema.

Figura 7.2. El aspersor está roto por su base

PROBLEMAS DE ALCANCE

- **El agua no llega a donde debería, apareciendo zonas secas o encharcadas**: los problemas de alcance son debidos a una elección para la boquilla del aspersor incorrecta. También puede ocurrir que la presión o el caudal no sean los adecuados, bien por un cambio en la red de suministro, bien por tener los filtros saturados (reduciendo el paso de agua).

    Para solucionarlo, comprobar el estado de los filtros y/o sustituir la boquilla.

PROBLEMAS POR SUCIEDAD E IMPUREZAS

- **El aspersor no gira, se queda trabado, con zonas secas y otras encharcadas**: si un aspersor no gira se debe a la presencia de suciedad en los engranajes del aspersor. Dichas impurezas llegan al interior del aspersor a través del agua, pues ésta desempeña labores de lubricación de los engranajes. Para evitar la presencia de elementos en suspensión en el agua se debe instalar un sistema de filtración. También puede entrar suciedad en el agua si ha habido una rotura en la tubería y se ha introducido barro o si el sistema de riego no se ha purgado antes de instalar los aspersores.

  Para limpiar los engranajes del aspersor hay que:

  - Retirar la boquilla y dejar que el agua salga a presión.

  - Limpiar el filtro del aspersor y el filtro de la instalación.

  - Si el problema persiste, sustituir el aspersor.

  - Si el agua trae elementos en suspensión será necesaria la instalación de un filtro.

- **El agua sale de forma irregular por la boquilla**: se debe a la presencia de suciedad en la boquilla o a que el tornillo de alcance está demasiado bajo, bloqueando en exceso la salida de agua.

  Para corregir el problema, hay que limpiar la boquilla o aflojar el tornillo de alcance. Si fuese necesario reducir el alcance del aspersor, hay que sustituir la boquilla por otra más adecuada.

Figura 7.3. Boquilla parcialmente obstruida. Chorro irregular

- **El aspersor pierde agua por la junta entre el vástago y el cuerpo**: la junta no hace su función de estanqueidad porque está dañada o hay impurezas.

  La junta de estanqueidad se puede limpiar forzando el vástago hacia abajo durante el riego. Eso hará que salga la suciedad. Si tras la limpieza se observa que la junta está dañada, será necesaria la sustitución del emisor.

- **El aspersor de impacto no gira, no emerge**: si se levanta la tapa del aspersor se puede observar que la cazoleta del aspersor se ha llenado de tierra, afectando al mecanismo.

  Para la limpieza, y en aquellos casos que sea posible, lo mejor es desmontar el aspersor. También puede limpiarse con alguna herramienta y agua a presión.

PROBLEMAS POR FALTA DE PRESIÓN

Dependiendo del grado de carencia de presión, el aspersor puede no tener el alcance esperado, no llegar a emerger el vástago en toda su longitud o incluso no girar.

La falta de presión puede deberse a múltiples causas:

- **Un diseño inadecuado**.

- **Una bajada temporal** (posible rotura) **o permanente** (nuevos suministros) **en la presión de la red de agua**.

- **Los filtros están colmados**.

Si tras comprobar los filtros el aspersor sigue sin girar, es un problema de falta de presión o caudal.

Sólo se puede aumentar la presión del agua mediante la instalación de un grupo de presión junto a un depósito de compensación. También se puede intentar reducir las pérdidas de carga aumentando el diámetro de las tuberías (disminuye la pérdida de presión e incrementa la capacidad de transporte de agua). Caudal y presión son dos conceptos muy relacionados que se confunden con frecuencia. Si lo que falta es caudal, pueden minimizarse las necesidades de caudal de la instalación reduciendo el número de aspersores por sector (dividir sector en varios).

En cualquier caso, si se debe a una pérdida de caudal permanente, será una avería que requerirá de alguna obra de modificación para subsanar la anomalía.

PROBLEMAS POR EXCESO DE PRESIÓN

Con el exceso de presión el aspersor tiene mayor desgaste, llegando a romperse alguna parte del aspersor.

El exceso de presión provoca que el aspersor reduzca su vida útil. Es fácilmente identificable si el vástago ejerce una excesiva oposición a ser empujado hacia abajo con la mano mientras está en funcionamiento.

El exceso de presión se corrige colocando un reductor de presión en la acometida de la instalación o del cabezal de ese sector, dependiendo de si el problema es general o localizado en dicho sector.

Figura 7.4. Presión excesiva. El agua se nebuliza

PROBLEMAS POR FALTA DE CAUDAL

La falta de caudal provoca que el vástago del aspersor no se eleve durante el riego y los alcances no sean los esperados.

La falta de caudal puede deberse a:

- **Un diseño inadecuado**.

- **Una bajada temporal o permanente de la presión de la red de abastecimiento de agua**.

- **Los filtros están colmados**.

Se puede aumentar el caudal de agua instalando un depósito acumulador acompañado de un grupo de bombeo, aumentando el diámetro de las tuberías o reduciendo el número de aspersores del sector, dividiendo los sectores de riego.

PROBLEMAS RELACIONADOS CON LA PENDIENTE DEL TERRENO

- **Los aspersores de las zonas bajas pierden agua después del riego, encharcando el terreno**: tras el riego, el agua que queda en la tubería del sector sale por los aspersores más bajos.

Figura 7.5. A la izquierda, escorrentía en un aspersor debida a la pendiente. A la derecha, válvula antidrenaje para colocar en la base del aspersor

Para impedir la pérdida de agua tras el riego se deben instalar en los aspersores afectados válvulas antidrenaje. En caso necesario, pueden recolocarse los aspersores para compensar la pendiente.

- **Los aspersores en pendiente por el lado alto no llegan y por el bajo se pasan**: esta situación se debe a una instalación inadecuada; hay que compensar la diferencia de alcance en las pendientes desplazando los aspersores hacia la parte superior. En pendientes de gran desnivel, los aspersores deberán regar solo hacia la parte superior (120° de ángulo de giro). Si es posible la sectorización se realizará atendiendo a las curvas de nivel.

7.2 COMPROBACIÓN DE DIFUSORES

La comprobación de los difusores es visual. Se abrirá el sector de riego y se comprobará que los alcances y los abanicos de riego son los correctos. Dependiendo de la calidad del agua, habrá que realizar con mayor o menor frecuencia la limpieza periódica de los filtros situados normalmente debajo de la tobera del difusor.

Las principales averías de los difusores son:

PROBLEMAS POR ROTURA

- **El difusor ha perdido la tobera o parte de ella**: el difusor está demasiado alto y la tobera se ha partido o cortado con la segadora. La rotura suele afectar al abanico de riego y a la regulación.

  Además de sustituir la tobera, se debe enterrar más el difusor para evitar futuras roturas.

Figura 7.6. Difusor con tobera dañada por segadora

- **El difusor se ha roto por la parte inferior**: el difusor o la bobina en la que está montado se ha roto por la parte inferior. Se produce por un sobrepeso sobre el difusor (vandalismo, rueda de vehículo). Se debe sustituir el difusor o la pieza dañada, enterrando más para evitar el problema (si es posible).

Figura 7.7. Difusor con la base rota

PROBLEMAS DE ALCANCE

- **El agua no llega a donde debería, apareciendo zonas secas o encharcadas**: las causas de un alcance incorrecto pueden ser varias:

    – La tobera del difusor no es la correcta.

    – El filtro del difusor o del sistema de riego está sucio.

    – Problemas de presión o caudal.

El problema se corrige sustituyendo la tobera por otra con un alcance más adecuado. Si no funciona, puede que haya problemas de suciedad en el filtro o con la presión o el caudal.

PROBLEMAS POR SUCIEDAD E IMPUREZAS

- **La tobera no realiza un riego regular**, con huecos en el abanico de agua, llegando incluso a no salir agua (con el vástago emergido).

Figura 7.8. Tobera parcialmente obstruida. Abanico de agua irregular

El problema se debe a la presencia de impurezas en la tobera y en el filtro del difusor. La suciedad llega con el agua por varias razones; las más comunes son que el agua trae elementos en suspensión desde antes de la acometida, el sistema de riego no se ha purgado antes de instalar los difusores o ha habido una rotura en la tubería y se ha introducido arena.

Para solucionar el problema hay que proceder de la siguiente manera:

- Retirar la tobera y dejar que el agua salga a presión.

- Limpiar la abertura de la tobera y eliminar elementos extraños.

- Limpiar el filtro.

- Si el problema persiste, *sustituir el difusor*.

- Si el agua trae elementos en suspensión será necesaria la *instalación de un filtro*.

- **El difusor pierde agua por la junta entre el vástago y el cuerpo**: la junta no hace su función de estanqueidad porque está dañada o hay impurezas en la junta.

Para limpiar la junta de estanqueidad se fuerza el vástago hacia abajo durante el riego. Eso hará que salga la suciedad. Si la junta está dañada hay que sustituirla.

PROBLEMAS POR FALTA DE PRESIÓN

La falta de presión determina que la tobera no tenga el alcance esperado e incluso que el vástago no emerja en toda su longitud.

La falta de presión puede deberse a múltiples causas:

- Un diseño inadecuado.

- Una bajada temporal o permanente en la presión de la red de agua.

- Los filtros están colmados.

Si tras sustitución el problema persiste, la causa es la falta de presión o caudal.

Sólo se puede aumentar la presión del agua mediante la instalación de un grupo de presión junto a un depósito de compensación. También pueden intentar reducirse las pérdidas de carga aumentando el diámetro de las tuberías (disminuye la pérdida de presión e incrementa la capacidad de transporte de agua).

PROBLEMAS POR EXCESO DE PRESIÓN

El exceso de presión provoca que el difusor nebulice el agua. Además, el difusor tiene un desgaste excesivo, llegando incluso a reventar la tobera.

La aplicación del agua nebulizada reduce enormemente la eficiencia del riego, pues se ve afectada incluso por vientos muy débiles. El exceso de presión es fácilmente identificable, además de por la nebulización, por la excesiva oposición que ejerce el vástago al ser empujado hacia abajo con la mano mientras está en funcionamiento.

Para evitar el exceso de presión basta con colocar un reductor de presión en el cabezal de riego, ajustar el regulador de caudal de la electroválvula o utilizar difusores con un dispositivo reductor de presión incorporado.

Figura 7.9. Exceso de presión. A la izquierda, el agua se nebuliza. A la derecha, el difusor ha reventado por la presión

PROBLEMAS POR FALTA DE CAUDAL

Un caudal inferior al necesario provoca que la tobera no tenga el alcance esperado.

La falta de caudal puede deberse a:

- **Un diseño inadecuado**.

- **Una bajada temporal o permanente del caudal de la red de agua.**

- **Los filtros están sucios y no permiten el paso del agua.**

Se puede aumentar el caudal de agua instalando un depósito acumulador acompañado de un grupo de bombeo, aumentando el diámetro de las tuberías o reduciendo el número de difusores del sector creando nuevos sectores.

PROBLEMAS RELACIONADOS CON LA PENDIENTE DEL TERRENO

- **Los difusores de las zonas bajas pierden agua después del riego**, encharcando el terreno.

Figura 7.10. Escorrentía en difusor

Tras el riego, el agua que queda en la tubería del sector sale por los difusores más bajos.

Para impedir la pérdida de agua tras el riego se deben instalar en los difusores afectados válvulas antidrenaje. En caso necesario, pueden recolocarse los difusores para compensar la pendiente.

- **Los difusores en pendiente por el lado alto no llegan y por el bajo se pasan**: esta situación se debe a una instalación inadecuada; hay que compensar la diferencia de alcance en las pendientes desplazando los difusores hacia la parte superior. En pendientes de gran desnivel, los difusores deberán regar solo hacia la parte superior (120° de abertura de riego). Si es posible se harán los sectores por curvas de nivel.

7.3 COMPROBACIÓN DE TUBERÍA DE GOTEO

Las instalaciones de riego por goteo necesitan un mantenimiento constante. Las tuberías se encuentran sobre el terreno, expuestas a las inclemencias climáticas y a los actos vandálicos.

Es muy frecuente la rotura de tuberías de goteo por los perros, dobleces y desgarros debidos a estiramientos por parte de los niños y dilataciones por el calor si la tubería es de mala calidad. Esto implica una constante reparación con enlaces y sustitución de las piezas de unión y derivación rotas. Además, si el sistema de riego por goteo no dispone de un filtro que limpie las impurezas del agua, la vida útil de la tubería se reduce considerablemente.

En la mayoría de los casos es necesaria la instalación de un reductor de presión para un correcto funcionamiento de los goteros y evitar fugas de agua en las piezas de unión y derivación.

Todo esto conlleva la consideración del sistema de riego por goteo como un sistema no permanente, en el que hay que prever la sustitución periódica de parte de las tuberías.

Las principales averías de los sistemas de riego con tubería de goteros integrados son:

PROBLEMAS POR ROTURA

- **La tubería se ha vuelto quebradiza**: el polietileno sufre degradaciones por oxidación térmica y oxidación fotocatalizada (luz solar) si no se le incorporan durante el proceso de fabricación antioxidantes. Particularmente importante es la degradación por luz solar, que afecta en un corto período de tiempo a las tuberías si no tienen un tratamiento protector (normalmente negro de humo al 2%). En las tuberías de goteo el problema es más acuciante debido al pequeño espesor de las paredes de la tubería. Es por ello que se añade un tratamiento adicional (llamado "anticracking") inexistente en tuberías de goteo de baja calidad.

  La única solución pasa por la sustitución de la tubería dañada por una tubería de mayor calidad.

- **La tubería tiene picotazos**: durante la manipulación de la tubería en el montaje y colocación se debe tener especial cuidado en evitar que se doble, pues suele quedarse marcado el doblez, pudiendo derivar en roturas con el tiempo.

Como todas las roturas que aparezcan en la tubería de goteo, se debe sustituir el tramo dañado con tubería en buen estado y unir con dos enlaces rectos.

Figura 7.11. Tubería dañada con herramientas del mantenimiento

- **La tubería está desgarrada**: los sistemas de riego localizado son muy sensibles al vandalismo. Los niños, los perros y las sendas naturales son los agentes dañinos para los sistemas de riego por goteo; doblando las tuberías, rompiendo las piezas de unión y moviendo las parrillas de goteo disminuyen la eficiencia del riego y conducen a la necesidad de un constante mantenimiento de estos sistemas de riego.

Figura 7.12. La figura de la izquierda muestra la sensibilidad al vandalismo de la tubería de goteo. A la derecha, te rota por vandalismo

En estos casos no queda más remedido que la reparación de la tubería mediante enlaces y restaurar la sujeción de la tubería, enterrando pequeños tramos de unos 20 cm cada 3 ó 4 metros, así como todas las tes y codos del sistema de goteo.

PROBLEMAS POR SUCIEDAD E IMPUREZAS

- **Los goteros, en general, se obstruyen, apareciendo zonas secas**: el problema reside en la falta de filtración, que conduce a la obturación de los goteros.

  Sustituir los tramos obturados e instalación de un filtro y/o limpieza del elemento filtrante.

Figura 7.13. Filtro en cabezal de riego de goteo

- **En las zonas altas los goteros se obstruyen**: al terminar el riego, la tubería descarga el agua que queda por sus goteros más bajos. Y el aire es aspirado por los goteros de las zonas altas, absorbiendo impurezas que los obstruyen.

  La solución consiste en la instalación de una válvula de ventosa en la parte más alta del sector de goteo que favorezca la entrada de aire al terminar el riego. De esa forma, la entrada de aire se produce por la válvula y no por los goteros. El tramo con los goteros afectados se sustituirá por una tubería en buen estado.

- **Los goteros se obstruyen por depósitos de sales**: el agua lleva sales disueltas que precipitan en los goteros.

  En caso de aguas con alta concentración de sales es mejor utilizar goteros desmontables para poder sumergirlos en algún medio que disuelva las sales. Si los goteros son integrados en la tubería, será necesaria la sustitución de la misma.

  Para reducir el depósito de sales puede aumentarse la presión de funcionamiento en 0,5 atm, aumentando la velocidad de paso por el gotero.

Figura 7.14. En la figura de la izquierda se observan depósitos de sales en gotero. En la figura de la derecha, gotero desmontable

PROBLEMAS POR FALTA DE PRESIÓN

Los goteros autocompensantes son capaces de admitir pequeñas variaciones de presiones sin que haya diferencias en los caudales emitidos. Pero una muy baja presión afecta al caudal de los goteros, siendo éste menor del esperado y surgiendo problemas en la distribución del agua a las zonas distales de la instalación.

Figura 7.15. Gotero (insertado) autocompensante

Si el problema de la falta de presión no es de la acometida se puede deber a:

- **El reductor de presión está mal tarado**.

- **La longitud de la tubería de goteo es superior al máximo estipulado por el fabricante**.

- **Suciedad en los goteros**.

Para solucionar el problema, hay que comprobar que la regulación del reductor de presión es la correcta y en caso necesario reducir la longitud de los tramos de tubería de goteo instalando más alimentaciones de la tubería secundaria del sector.

Si la falta de presión se debe a suciedad en los goteros, será necesaria la sustitución de los tramos de tubería afectados.

PROBLEMAS POR EXCESO DE PRESIÓN

Los sistemas de riego localizado son sistemas de baja presión, por lo que las tuberías y las piezas funcionan bien a esa baja presión. Con presiones altas las piezas de unión y derivación del goteo se escapan al arrancar el riego o durante algún momento del mismo. Además los goteros tienen más caudal del esperado.

Las piezas para la tubería de goteo se introducen a presión, y están diseñadas para soportar la presión de funcionamiento de los sistemas de riego por goteo (no más de 3 atm). Si la presión fuese la correcta, entonces el problema está en la tubería, en las piezas o en ambas, ya que suelen traer este tipo de problemas las de mala calidad.

Para solucionar el problema de una alta presión:

- **Instalar un reductor de presión y tararlo a la presión adecuada.**

- **Utilizar tuberías y piezas de calidad.**

- **En casos puntuales se pueden utilizar abrazaderas en las uniones entre piezas y tuberías.**

Figura 7.16. En casos puntuales se pueden utilizar abrazaderas de sujeción

PROBLEMAS POR FALTA DE CAUDAL

Es un inconveniente preocupante porque el agua tarda mucho en salir por todos los goteros, afectando negativamente a la uniformidad del riego (los primeros goteros tienen mayor pluviometría que los últimos, hasta el extremo de no llegar el agua a algunas zonas).

Descartando una bajada temporal o permanente del caudal en la acometida, la falta de caudal suele ocurrir cuando la longitud de la tubería de goteo es superior al máximo estipulado por el fabricante, así pues, la solución pasa por reducir la longitud de los tramos de tubería instalando más salidas de la tubería secundaria del sector.

PROBLEMAS RELACIONADOS CON LA PENDIENTE DEL TERRENO

- **Los goteros de las zonas bajas pierden agua después del riego, encharcando el terreno**: tras el riego, el agua que queda en la tubería del sector sale por los goteros más bajos.

  Para solucionar el encharcamiento se pueden instalar válvulas de drenaje que favorecen la salida del agua al terminar el riego. La instalación será en el lugar más bajo y se hará un pequeño pozo de drenaje para recoger el excedente de agua.

  Para evitar la aparición de zonas encharcadas, en la fase de diseño y obra, las tuberías de alimentación del sector se instalarán por niveles, independizándolos con válvulas de retención. De esta forma no se evitará el drenaje, pero se distribuirán en varias zonas en vez de en una única. (Explicado en profundidad en anexo 5).

  También pueden utilizarse goteros antidrenantes.

- **En las zonas altas los goteros se obstruyen**: al terminar el riego, la tubería descarga el agua que queda por sus goteros más bajos. Y el aire es aspirado por los goteros de las zonas altas, absorbiendo impurezas que los obstruyen.

  Para evitar el efecto de succión de los goteros se debe instalar una ventosa en la parte más alta del sector de goteo que favorezca la entrada de aire al terminar el riego. De esa forma, la entrada de aire se produce por la válvula.

7.4 COMPROBACIÓN DE ELECTROVÁLVULAS

Las electroválvulas no son un elemento que suela dar problemas una vez que se ha hecho una instalación correcta. Éstos son los principales problemas que presenta:

- **Los emisores siguen aportando agua** (aunque sea en menor medida) **cuando la electroválvula debería estar cerrada**:

  - La membrana de la electroválvula está sucia, mal colocada o rota y no cierra el paso del agua en su totalidad.

Figura 7.17. A la izquierda, membrana de una electroválvula. A la derecha, el cuerpo de la electroválvula donde se puede observar el alojamiento de la membrana

Lo más probable es que la membrana de la electroválvula tenga alguna impureza que impide la estanqueidad. Hay que desmontar la electroválvula, extraer la membrana para comprobar su estado y limpiar cualquier resto antes de volver a montar. Si el asiento ha quedado dañado, será necesaria la sustitución de la electroválvula.

- El solenoide no está en su posición correcta o hay suciedad entre el solenoide y la electroválvula.

Figura 7.18. Solenoide y detalle de la junta del solenoide

En ocasiones el solenoide no se ha colocado bien o la cámara entre el solenoide y el cuerpo de la membrana tiene impurezas. Desenroscar el solenoide, limpiar y volver a roscar. Comprobar que la junta del solenoide esté bien colocada y no dañada (suele deteriorarse con facilidad). Si no funciona, es probable que se haya averiado el solenoide.

- **La electroválvula no se cierra cuando lo establece el programador**:

    - La electroválvula está abierta manualmente.

Cerrar la electroválvula girando el solenoide hasta el tope. El riego debería cerrarse en unos segundos.

– Fallo de programación.

Comprobar el programador, especialmente los programas B y C alternativos. Ocurre con frecuencia que se realizan programaciones sin tener en cuenta el programa (A, B o C), lo que puede llevar a errores de programación.

Figura 7.19. Tener en cuenta el programa (A, B o C)

– Solenoide mal colocado, junta estropeada, suciedad entre el solenoide y la electroválvula o solenoide dañado.

– Desenroscar, limpiar, recolocar y roscar. Si no funciona, el solenoide está dañado.

• **El caudal de agua es insuficiente:**

– El regulador de caudal está demasiado ajustado.

Figura 7.20. Regulador de caudal de una electroválvula

Algunas electroválvulas tienen un dispositivo de control para regular el caudal. Ajustar el mando mediante el regulador de caudal.

- Hay otra fase o algún hidrante abiertos.

Comprobar que el resto de fases e hidrantes están cerrados, pues no hay caudal suficiente para todos los emisores.

- El sector de riego tiene demasiados emisores, siendo el caudal disponible insuficiente para todos ellos.

Debido a un error en el diseño del sistema de riego o a una bajada temporal o permanente del caudal o la presión no hay agua para el sector de riego. Dividir el sector para que el caudal disponible sea suficiente para cada fase.

- Alguna llave de paso entre la entrada de agua y la electroválvula está parcialmente cerrada.

Abrir totalmente la llave de paso para permitir el máximo caudal posible.

- **La electroválvula no da paso de agua**:

  - Alguna llave de paso entre la entrada de agua y la electroválvula está cerrada.

Comprobar que todas las llaves estén abiertas.

- **No llega la corriente eléctrica para que se abra el solenoide**:

  - El programador no está bien programado. Comprobar el tiempo de riego, la hora de inicio y los días de riego. Comprobar que no esté cancelado el riego o que estén dispuestos los programas B o C.

  - El programador está dañado si hay tensión de salida en los bornes y no hay corriente en la salida. Comprobar las conexiones en los bornes.

  - El cable está dañado en algún punto si en el programador se detecta corriente pero no en el solenoide. Sustituir el tramo dañado.

  - Comprobar las conexiones eléctricas; pueden estar oxidadas o desprendidas.

  - Si llega corriente hasta la arqueta pero no se abre la electroválvula, hay que comprobar las conexiones y el solenoide.

  - El mando de control de caudal está cerrado por completo. Ajustar el mando de control de caudal.

  - Suciedad en el solenoide. Desenroscar el solenoide, limpiar y volver a colocar.

7.5 COMPROBACIÓN DE FILTROS

El mantenimiento de las instalaciones de riego incluye como una de las labores primordiales la comprobación del estado de los filtros. Periódicamente se deben abrir y limpiar concienzudamente los elementos filtrantes para evitar pérdidas en el caudal y presión.

También se deben revisar los filtros tras reparaciones, pues es muy común la entrada de elementos sólidos que obturan los elementos filtrantes.

Si se detecta una disminución en el caudal arrojado por los emisores es posible que sea debido a la necesidad de lavado de los filtros.

7.6 COMPROBACIÓN DEL PROGRAMADOR

Los programadores actuales no suelen tener excesivos problemas de fiabilidad siempre y cuando hayan sido instalados de forma correcta por un profesional. Antes de la comprobación del correcto funcionamiento del programador es necesario verificar que la válvula general de corte está en posición abierta y el filtro de la acometida limpio.

- Comprobar la tensión entre conductor común y conductores de fase de alimentación y en sus salidas.

- Comprobar la pila que guarda la memoria en caso de corte eléctrico. Algunos programadores usan pilas recargables.

- Comprobar que no hay fallos en la programación. Un error muy común es la utilización de los programas B y C, llevando a riegos inesperados.

- Si hay válvula maestra, comprobar la tensión entre común y válvula maestra.

- Si hay bomba, comprobar la tensión entre común y bomba. Comprobar el estado del relé de arranque.

7.7 REPARACIONES DE ROTURAS EN TUBERÍAS

Una de las principales labores de mantenimiento y conservación de las redes de agua es la reparación de roturas en tuberías. Entrando en un ámbito más amplio que los sistemas de riego, es frecuente la reparación también de la red que abastece la instalación. En este apartado se estudiarán las diferentes piezas empleadas en la reparación de averías según el material de la conducción y las circunstancias propias de la rotura, teniendo en cuenta que si la rotura es de alguna pieza y no de la propia tubería bastará con la sustitución de la pieza en cuestión por otra (de mayor resistencia si es posible).

- **Reparación con enlaces para polietileno**: se utilizan en tuberías de polietileno cuya rotura se ha producido por un golpe que ha picado o seccionado la tubería. No es frecuente la rotura del polietileno por desfallecimiento del material, salvo que la tubería sea de baja calidad. Se pueden utilizar enlaces de metal o de PE, dependiendo de si la tubería está en carga o no.

  Para la reparación, hay que "descubrir" la rotura y cortar el agua. A continuación se limpia bien la zona afectada abriendo un hueco holgado en el que poder trabajar. Se emplearán dos enlaces y se sustituirá el tramo de tubería afectado por otro nuevo.

Figura 7.21. Enlace de metal para reparación

  Se harán los cortes limpios y rectos en la tubería con tijera cortatubos (si se utiliza sierra será necesario eliminar las rebabas). Con un tramo de tubería del tamaño adecuado entre los dos enlaces se realizará la reparación eliminando la parte dañada. Es aconsejable para las reparaciones la utilización de tubería de baja densidad, que por su flexibilidad facilita la reparación (en ese pequeño tramo se perderá capacidad hidráulica).

- **Reparación con enlaces para PVC**: cada vez es menos frecuente montar sistemas de riego en PVC; sin embargo, hay multitud de instalaciones realizadas en ese material. El PVC es muy sensible a los golpes y pierde propiedades con el tiempo, por lo que las reparaciones son frecuentes. Por su nula flexibilidad en estos casos, es siempre necesaria la utilización de dos enlaces pasantes.

Figura 7.22. Piezas de PVC

En muchos casos la conducción de PVC ha sobrepasado su vida útil con creces, por lo que la rotura no se debe a un golpe, sino a desfallecimiento del plástico. Las reparaciones en PVC deteriorado son más complicadas, pues cualquier tensión lateral en la tubería provoca que se quiebre. En estos casos, aunque se repare, conviene advertir que será conveniente plantear la sustitución de la conducción, pues las roturas serán periódicas en la instalación.

- **Bandas de reparación**: es una pieza específica para reparación. Consiste en una banda metálica ajustable mediante dos tornillos con un aislante de goma interior. Al ser ajustable, permite su utilización (dentro de un rango) con diferentes diámetros de tubería.

Figura 7.23. Banda de reparación

Está diseñada para la reparación de tuberías de fibrocemento y fundición, aunque en roturas de difícil acceso se puede emplear en tuberías de cualquier material. Se emplea en roturas de tuberías por pequeñas fisuras.

- **Reparación de tuberías de fundición dúctil**: el hierro fundido dúctil es un tipo de fundición con una aleación de hierro con al menos un 2% de carbono y más de un 1% de silicio. Esta composición le proporciona ductilidad, es decir, tiene una elevada deformación plástica que le permite antes de romperse sufrir una considerable deformación.

Aunque las tuberías de fundición no se utilizan para sistemas de riego, sí que se utilizan para el abastecimiento de agua, por lo que es frecuente encontrarlas en parques.

Las tuberías de fundición dúctil tienen el diámetro nominal interior, lo que significaría que el diámetro exterior variaría según el timbraje.

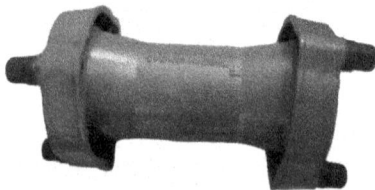

Figura 7.24. Pieza para unión y reparación de tuberías de fundición

Un problema que tienen las piezas para la reparación de tuberías de fundición es que carecen de un sistema antitracción que impida el deslizamiento de la tubería. Es por ello que será necesario un anclaje exterior mediante hormigonado de la pieza.

Para la reparación son necesarios dos enlaces, un segmento de tubería de fundición intermedio y una radial para realizar los cortes y sanear la tubería.

- **Reparación de tuberías de acero galvanizado o negro**: en instalaciones antiguas existen todavía tuberías de acero de diámetro reducido para la distribución de agua. La reparación de estas tuberías se realiza mediante *fittings* para tuberías de acero galvanizado, conocidas como Gebo®.

Figura 7.25. Pieza para tuberías de acero galvanizado

- **Piezas universales para reparaciones y transiciones**: el fibrocemento fue un material ampliamente utilizado para la fabricación de tuberías. Se trata de una mezcla de cemento y asbesto (fibras de amianto), su fabricación fue prohibida en los años 90 del siglo pasado debido a que su manipulación provoca una enfermedad pulmonar (asbestosis). Sin embargo, sigue estando presente, en especial para grandes conducciones abastecedoras de agua, siendo frecuente encontrarlas en parques antes de las acometidas.

Las tuberías de fibrocemento tienen el diámetro nominal interior, por lo que para cada DN existen varios diámetros exteriores en función del timbraje. Eso conllevaría la necesidad de multitud de piezas de unión y derivación para todos los diámetros exteriores existentes. Para simplificar las operaciones de montaje y mantenimiento se utilizan piezas de unión y derivación de gran tolerancia que permiten el ajuste del diámetro exterior (dentro de unos rangos). Una pieza típica es la banda de reparación mencionada anteriormente.

Para reparaciones de mayor envergadura (aquellas en las que no sea suficiente con la banda de reparación), se utilizan enlaces de unión universal o gran tolerancia.

Mediante el ajuste de los tornillos la pieza se cierra sobre la tubería hasta realizar un ajuste perfecto. Para las reparaciones son necesarios dos enlaces de gran tolerancia y un trozo de tubería intermedio de otro material. Al igual que en las tuberías de fundición, estas piezas carecen de un sistema antitracción, por lo que hay que anclarlas para evitar el deslizamiento de la tubería.

Figura 7.26. Unión universal

Cabe destacar que este tipo de tuberías no se pueden manipular según las actuales leyes de prevención de riesgos laborales, su mención es meramente didáctica, ya que los trabajos sobre este tipo de materiales deben llevarlos a cabo empresas especializadas y autorizadas.

Figura 7.27. Unión de tres sectores

7.8 TRANSICIONES

Una transición es, de forma genérica, un cambio de material en la conducción.

Para realizar transiciones, suelen emplearse uniones bridadas mixtas como elemento común, una parte enchufa en la tubería y la otra parte es bridada. El tipo de pieza depende del material de las tuberías.

Figura 7.28. Piezas para transición de tubería a brida

Es posible que la transición se pueda realizar con uniones universales. Lo usual, y dependiendo del tipo de pieza, es que sea necesario realizar un anclaje por no poseer la mayoría de las piezas una unión acerrojada o antitracción que agarre la tubería.

Capítulo 8

ANEXOS

8.1 ANEXO 1: ÁBACO DE CAUDALES Y PÉRDIDAS DE CARGA

Para el cálculo de caudales y pérdidas de carga en tuberías de polietileno se utiliza el ábaco facilitado por un fabricante de tuberíasSe trata de un diagrama de triple entrada en el que se relacionan:

- **Diámetro interior** de conducciones de polietileno, en milímetros (diámetros interiores de polietileno en capítulo 2).

- **La velocidad del agua** en la conducción, en metros por segundo.[4]

- **La pérdida de carga** debida al rozamiento en metros de columna de agua por cada 100 m de conducción.

- **Caudal de agua** que fluye por la conducción, en litros por segundo.

---

[4] La velocidad del agua que se toma como referencia para el cálculo de caudales es 1,5 m/s, pues a mayores velocidades la pérdida de carga es demasiado alta y provoca un desgaste anormal en las paredes de la tubería y piezas.

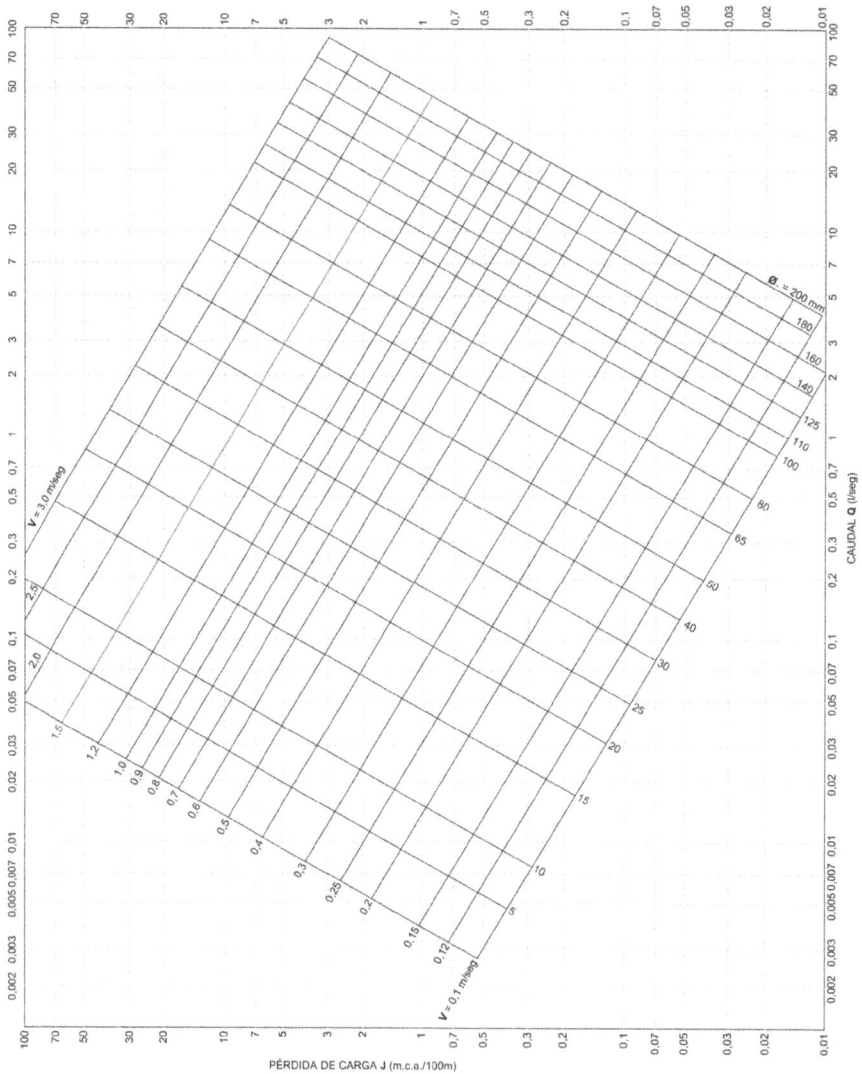

Figura 8.1. Ábaco para cálculo de caudales y pérdidas de carga

8.2 ANEXO 2: CÁLCULO DEL CAUDAL DE AGUA EN UNA ACOMETIDA DE AGUA

En el capítulo 3 del presente libro se trató de forma leve el cálculo del caudal de agua para una acometida; en el presente anexo se desarrolla con mayor profundidad el tema a fin de comprender con mayor claridad la importancia de la obtención de un buen dato de caudal.

Efectivamente, el conocimiento del caudal que suministra una acometida de agua es de vital importancia para poder diseñar un sistema de riego automático. Su valor condiciona el dimensionamiento y elección de todos los elementos que tiene un sistema de riego, desde los emisores, hasta cada una de las válvulas, pasando por todos los diámetros de las tuberías. También condiciona decisiones tan importantes como la sectorización y la elección de un sistema de automatización u otro afectando de forma decisiva al presupuesto de ejecución de la instalación.

Es fundamental conocer el dato de caudal en la acometida de agua. En algunas ocasiones se podrá medir; en otras, al no poder realizarse medición alguna, será necesario realizar una estimación.

Determinar en qué ocasiones hay que medir y en cuáles estimar, y cómo hacerlo, es el tema que hay que tratar del presente anexo.

MEDICIÓN DE UN CAUDAL

Durante la operación de medición hay que abrir el paso de agua, y por tanto siempre se produce un consumo de agua. Es una operación engorrosa y necesita casi siempre de piezas y un tiempo de montaje.

Si bien la medición es siempre preferible porque proporciona un dato real de las condiciones exactas de la red, en la práctica, la medición se reserva casi siempre para acometidas de agua de pequeñas dimensiones.

- **Medición mediante recipiente de aforo conocido**: en pequeñas acometidas de agua (tuberías hasta 25-32 mm), se coloca un depósito de capacidad conocida y se cronometra el tiempo de llenado.

    - *Ventajas*: se obtiene un dato medido y empírico de la capacidad real de la acometida de agua.

    - *Desventajas*: operativamente, es muy complicado (la dificultad aumenta con el diámetro de la acometida) percibir cuándo exactamente se termina de llenar el recipiente, controlar las salpicaduras... Por otra parte, el tamaño del recipiente debería ser proporcional al tamaño del diámetro de la acometida, llegando a un punto en que la medición no es posible.

- **Medición mediante contador**: el contador es un instrumento que mide el volumen de agua que ha pasado por ese punto. Es decir, mide los litros de agua a los que ha dado paso desde que fue instalado hasta el momento actual. El procedimiento consiste en abrir la salida de agua conociendo la lectura inicial, y dejar la salida abierta durante un período de tiempo (para que el flujo de agua se estabilice). Transcurrido el tiempo suficiente, se toma la lectura final. Se obtiene de esta manera el caudal punta que puede suministrar dicha acometida de agua.

- *Ventajas*: se obtiene un dato real que no depende de observaciones subjetivas como el punto de llenado de un recipiente y se puede emplear en acometidas de mayor diámetro que el método del recipiente aforado.

- *Desventajas*: se tiene que realizar un gasto de agua considerable y en muchas ocasiones no existe un punto adecuado para eliminarla. Además, de no estar instalado el contador, habrá que llevar uno e instalarlo, lo cual es laborioso y costoso.

En cualquiera de los casos de mediciones, hay que tener en cuenta que para la medición no se debe dejar la salida de agua "a caño abierto", puesto que en ese punto la presión de la red es cero, y se tendría un dato de caudal (sobredimensionado) para una presión que no sirve para que funcione la instalación. Así pues, lo adecuado sería medir el caudal a una presión determinada de funcionamiento correcto de la instalación (curva de servicio). La presión de prueba debería ser el sumatorio de la presión necesaria para el funcionamiento del emisor, la pérdida de carga en la tubería y la pérdida de carga en la electroválvula.

$$P_{prueba} = P_{emisor} + P_{EV} + P_{tubería}$$

En la práctica, se añade a la presión del emisor una atmósfera de presión en concepto de pérdidas de carga de los diferentes elementos.

- **Estimación de caudal**: lo primero que cabe mencionar es que es un método inexacto, pero que funciona y aporta ciertos márgenes de seguridad que garantizarán el correcto funcionamiento en casi cualquier circunstancia de las instalaciones de riego que se calculen basándose en este método.

El método de la estimación de caudal es un método que no requiere operativa manual, es rápido y no genera ni consumos de agua, ni posibles problemas de evacuación de agua.

Lo que sí requiere este método es de un buen proceso de investigación de toda la captación de agua desde la red de abastecimiento, para poder identificar todas las partes de la acometida.

Una acometida de agua para un parque o jardín es como plantea el siguiente esquema:

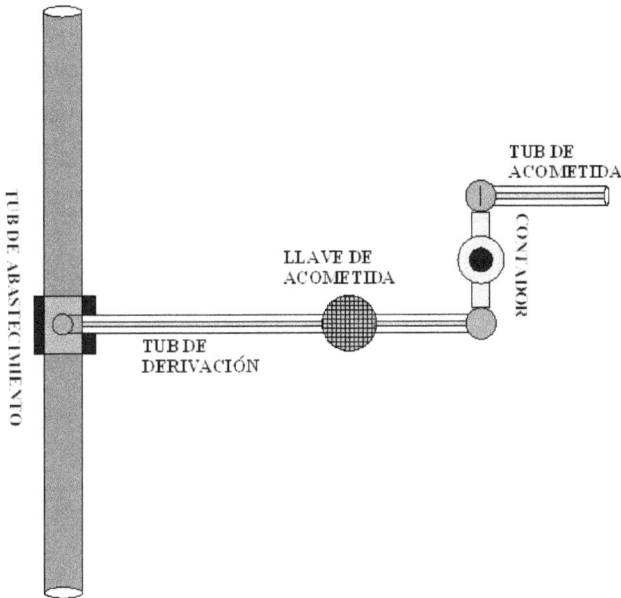

Figura 8.2. Acometida típica a jardín

Está dividida en tres partes fundamentalmente:

- *Toma de la tubería de abastecimiento*: normalmente se suele tomar el agua de una tubería de fundición dúctil, mediante un collarín u otra pieza de toma. De este punto sale lo que se denomina **tubería de derivación**, en la cual siempre debe haber una válvula de corte y llega hasta la entrada a un contador de agua.

- *Contador de agua*: instrumento que permite a la compañía de abastecimiento de agua conocer la cantidad de agua que consume el abonado.

- Y por último, saliendo del contador de agua, está la **tubería de acometida**. Esta tubería pertenece a la red del sistema de riego del parque o jardín.

El método de la estimación del caudal de agua de una acometida se basa en la ley del diámetro limitante, es decir, el caudal de la acometida del jardín está limitado por la más pequeña y limitante de estas tres partes. Así pues, habrá que estimar la capacidad hidráulica de cada una de las partes, para conocer la más restrictiva.

Normalmente, las tuberías de derivación son de polietileno de alta densidad. Habrá que comprobar el timbraje de las tuberías (suele venir marcado en el propio tubo). Con estos datos, se obtendrá la capacidad hidráulica de las tuberías utilizando las siguientes tablas.

	PEAD*		PEBD**	
	10 atm	16 atm	6 atm	10 atm
20 mm	-	-	19 l/min	14,4 l/min
25 mm	-	-	28 l/min	23 l/min
32 mm	52 l/min	43 l/min	48 l/min	39 l/min
40 mm	90 l/min	76 l/min	75 l/min	60 l/min
50 mm	144 l/min	115 l/min	120 l/min	96 l/min
63 mm	222 l/min	178 l/min	186 l/min	150 l/min
75 mm	312 l/min	240 l/min	258 l/min	210 l/min
90 mm	414 l/min	356 l/min	-	-

*Para velocidad de agua 1,5 m/s

**No es habitual en tuberías de derivación

Conviene recordar una vez más que los datos de estas tablas se obtienen del ábaco del anexo 1, para una velocidad del agua de 1,5 m/s. Para dicha velocidad, el índice de rozamiento que se obtiene en tanto por uno es siempre bajo, más aún teniendo en cuenta que estas tuberías de derivación rara vez superan la distancia de 10 metros, siendo habitual distancias muy inferiores.

El siguiente paso es estimar la capacidad hidráulica del contador de compañía. Cabe señalar que en la esfera de lecturas del contador hay dos pequeñas anotaciones, con el caudal nominal Q_n y el caudal máximo $Q_{máx}$.

DN mm	G	Q_n m³/h	$Q_{máx}$ m³/h	Q_t l/h	$Q_{mín}$ l/h	Lectura (m³)	
						mín.	máx.
15	¾"	1,5	3,0	120	30	0,0001	99999
20	1"	2,5	5,0	200	50	0,0001	99999
32	1 ¼"	6,0	12,0	480	120	0,0001	99999
32	1 ½"	6,0	12,0	480	120	0,0001	99999
40	2"	10	20,0	800	200	0,001	99999
Datos de contadores de una marca comercial							

Como bien indica su nombre, el caudal máximo es el límite del contador (puede sobrepasarse 10%, pero no se aconseja por seguridad).

Con la tubería de salida del contador, que es la tubería de acometida del sistema de riego, se repite el proceso de la tubería de derivación. Únicamente hay que determinar la densidad de polietileno y su timbraje observando el marcaje impreso.

De esta forma se han calculado tres datos de caudal máximo, de cada una de las partes de la acometida. El dato de caudal que se utilizará para dimensionar el sistema de riego es el más restrictivo de los tres.

Si se recapacita sobre el método de estimación del caudal, se puede deducir que:

- *La tubería de acometida a riego es de propiedad del abonado*, y por tanto se puede sustituir si es la parte más restrictiva de la acometida y limita la capacidad hidráulica del resto, lógicamente, siempre que sea posible. De hecho, siempre que se pueda, se debe acometer a la red de riego en las proximidades del contador y no dudar en sustituir tuberías por otras de mayor diámetro.

- El criterio de estimación de la capacidad hidráulica de las tuberías es un criterio conservador, con un gran margen de seguridad. En determinadas situaciones se puede forzar, aumentando las estimaciones de caudal (por contra, el agua se moverá con mayor velocidad dentro de la tubería y por lo tanto induciendo una pérdida de carga mayor).

- **Otros métodos particulares de estimación del caudal de una acometida**: dos casos particulares de una instalación de riego son cuando el agua para el riego la aporta una electrobomba o cuando es una ampliación de una red de riego existente.

En el primer caso, el dato de caudal se obtiene de los datos que aporta el fabricante de la electrobomba, mediante lo que se conoce como curva de la bomba. Es una curva que funciona igual que la curva de servicio que se explicó en el capítulo 3 del presente libro (realmente las redes de las ciudades son presurizadas mediante grandes grupos de presión). Es una curva de doble entrada fundamentalmente, y que da los caudales de impulsión de la bomba en función de la presión de suministro. Así pues, para conocer el caudal en este caso, se consulta la curva de la bomba, y se obtiene el caudal que suministra la bomba a una presión adecuada para el funcionamiento de la instalación.

$$P_{bomba} = P_{emisor} + P_{EV} + P_{tubería}$$

En el caso de la ampliación de una red existente, es tan sencillo como observar la parte de la red que está operativa y localizar el sector de mayor consumo. En ese momento, únicamente es necesario cuantificar el consumo de los emisores, conociendo tanto el número de éstos como las boquillas/toberas que emplean. Se obtendrá así el caudal máximo para el sector de riego.

8.3 ANEXO 3: SIMBOLOGÍA EN PLANOS DE SISTEMAS DE RIEGO

En el ámbito de las instalaciones de riego no existe una normativa específica sobre representaciones gráficas (al contrario de lo que ocurre en electricidad), por lo que cada proyectista termina preparándose su propia simbología.

A continuación se adjunta la simbología que se utiliza en este libro y sus anexos para representar las válvulas y determinados elementos de la instalación.

Simbología

▬▬▬▬▬	Tubería principal
───────	Tubería secundaria
▪ ▲ ♠ ●	Difusor emergente
▰ ◢ ♠ ●	Aspersor emergente
⋈	Electroválvula
P	Programador
⊗	Válvula de esfera
Ⓕ	Filtro de asiento inclinado
Ⓕ◖	Filtro Anillas
Ⓥ	Ventosa
⊖→	Válvula de retención
Ⓡ	Reductor de presión
B	Boca de riego tipo Fundición
Ⓗ	Hidrante de acople rápido
▨	Acometida
A	Arqueta de riego
Γ	Codo
⊢	Te
✛	Cruz

Figura 8.3. Representaciones gráficas en planos

8.4 ANEXO 4: EJEMPLO PRÁCTICO 1

En el presente anexo se desarrolla un proyecto de una instalación de riego automático para tener un ejemplo completo de aplicación de todos los capítulos del presente libro.

Se ha seleccionado un caso real consistente en un proyecto de riego para un pequeño jardín de una vivienda unifamiliar.

El procedimiento es similar en todos los proyectos de riego automático (con excepciones, relacionadas casi siempre con instalaciones que funcionan con grupos de presión).

Las fases de desarrollo del proyecto son:

- **En el terreno**:

  – Recopilación de un plano y datos tanto de la parcela como de la futura plantación en una visita al terreno objeto del estudio.

  – Recopilación de datos de la acometida de agua de la instalación (anexo 2).

- **En oficina**:

  – Cálculo del caudal de la acometida de agua.

  – División en hidrozonas del ajardinamiento y definir el tipo de riego que se va a emplear en cada una de dichas zonas.

  – Distribución de los emisores de riego en toda la parcela.

  – Sectorización de la instalación.

  – Trazado de la tubería de sectores o secundaria.

  – Ubicación de los cabezales de riego de la instalación.

  – Trazado de la tubería general.

  – Dimensionamiento de la red de tuberías.

  – Dimensionamiento de los cabezales de riego de la instalación.

  – Selección del sistema de automatización de la instalación y dimensionamiento del cableado necesario.

  – Distribución de la red de hidrantes.

VISITA A PARCELA Y TOMA DE DATOS SIGNIFICATIVOS

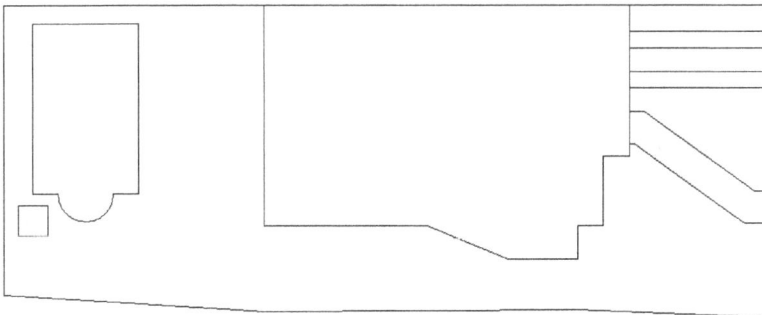

Figura 8.4. Plano de la parcela

En este caso, la empresa constructora proporciona un plano exacto del terreno, con lo que no es necesario el trazado de ningún croquis. Se recomienda cotejar las medidas del plano con las del terreno estudio del proyecto, para descartar errores.

Tras la visita al terreno, se observan varios datos importantes:

- Se trata de una vivienda unifamiliar tipo adosado bipareado.

- La parte norte, sur y oeste de la casa son las lindes con otras propiedades. En la zona oeste se encuentra el acceso a la vivienda desde la calle.

- En la parte trasera de la casa hay una piscina ya construida.

- En la parte delantera existe un camino de acceso peatonal a la casa; para vehículos hay otro acceso formado por piedras planas ancladas al suelo a modo de rodadas de vehículos.

- Ambos caminos cuentan con unos pasatubos instalados bajo sus soleras tanto en el lado más próximo a la casa como en el lado más cercano al muro de la entrada.

- La parcela es llana, sin desniveles apreciables.

- Existe un grifo de ½" en la pared izquierda de la propiedad.

Se consulta al cliente (en este caso el constructor) el ajardinamiento que se prevé ejecutar en la parcela.

En este caso se observa que es un ajardinamiento muy básico, consistente en:

- Cubrir toda la superficie con césped.

- En las lindes norte y oeste de la parcela se plantará una hiedra (*Hedera helix*), para proporcionar intimidad a la finca cumpliendo la misión de seto. La zona sur no necesita seto, pues la finca contigua ya cuenta con él.

En la zona de la piscina se plantará algún arbusto perenne de flor, del tipo *Viburnum spp.* (sombreado en oscuro).

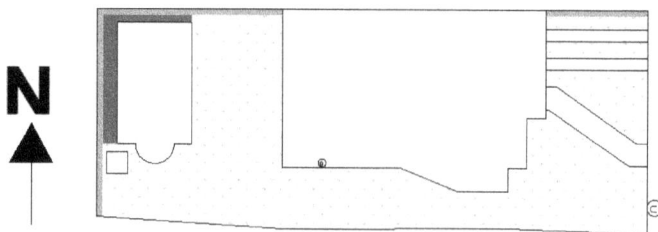

Figura 8.5. Plano de plantación

DATOS DE LA ACOMETIDA DE AGUA

En la visita al terreno objeto del proyecto se tomarán datos suficientes para poder determinar la capacidad hidráulica de la acometida.

En el presente caso, se constata la existencia de un grifo en la pared exterior de la vivienda. Incluso en la visita al terreno, el personal de la constructora indica que se ha instalado ese punto de agua para abastecer el sistema de riego.

En este tipo de puntos de agua es relativamente fácil la obtención de la presión; con unas cuantas piezas y un manómetro se toma la medida de la presión estática, que resulta ser de 6 atm.

Por otro lado, se mide con ayuda de un cubo de agua el caudal que proporciona el grifo para una presión de salida de 4 atm. Tras un breve cálculo se obtiene el dato de 16,5 l/min.

Por último, se observa que la acometida de agua de la vivienda está formada por un contador DN20, una tubería de entrada de PEAD 12,5 atm 40 mm. El abastecimiento posterior a la casa desde el contador es una tubería de PEBD 10 atm 25 mm.

CÁLCULO DEL CAUDAL DE LA ACOMETIDA DE AGUA

En el presente caso, existen dos alternativas como acometida de agua para la instalación de riego:

- **El grifo existente en el jardín**.

- **El conjunto de la acometida a la vivienda**.

En el primer caso, se conoce (se ha medido), el caudal que suministra el grifo que ha instalado la constructora para el jardín.

Por otro lado, cabe la posibilidad de realizar la toma a la acometida de agua de la vivienda, pero se debe estudiar la capacidad hidráulica disponible para determinar si sería conveniente realizar una instalación en ese punto.

Como se ha explicado en el anexo 2, se procede a la estimación de la capacidad hidráulica de cada una de las partes de la acometida para determinar cuál es la opción más óptima:

- Tubería que deriva agua desde la canalización de la red de distribución hasta el contador. En este caso, es una tubería de PEAD 12,5 atm 40mm. Si se comprueba su capacidad hidráulica en la tabla del anexo 2, para este tipo de tuberías (12,5 atm tiene el mismo espesor de pared de tubería que 16 atm), obtenemos que su capacidad hidráulica es de 76 l/min.

- El contador DN20 tiene grabada en su esfera la anotación $Q_{máx}$ de 5 m³/h, es decir, 83 l/min.

- Por último, la tubería que sale del contador para abastecer a la vivienda es una tubería PEBD 10 atm 25mm. Al comprobar su capacidad hidráulica en la tabla del anexo 2, se obtiene un dato de 23 l/min.

En resumen, en este escenario se tienen dos posibles acometidas de agua para la instalación de riego:

- Un grifo, que suministra 16,5 l/min.

- A la salida del contador, que suministra 23 l/min.

Es preferible la segunda opción, pues siempre habrá mayor presión disponible en ese punto. Además se adquiere la ventaja adicional de independizar la toma de agua de la vivienda de la toma de agua del jardín, con lo que una avería en cualquiera de las dos instalaciones no afectaría al conjunto.

No obstante, ambas alternativas son acometidas de agua con un caudal muy bajo, que obligaría a una sectorización muy elevada, encareciendo la instalación. Existe la posibilidad de modificar la instalación de la acometida de agua de la vivienda, sustituyendo el tramo de salida del contador cuyo caudal es muy limitado. De esta forma se beneficiará de la mayor capacidad hidráulica del contador y de la tubería de derivación.

Por ello se sustituye la tubería de salida del contador por una tubería PEAD 10 atm 40 mm (con una capacidad hidráulica de 90 l/min), y se instala un colector de válvulas para independizar la toma de agua de la casa y del jardín. De esta forma, se obtiene la doble ventaja de elevar el caudal de diseño hasta los 76 l/min y la independencia de las acometidas de agua.

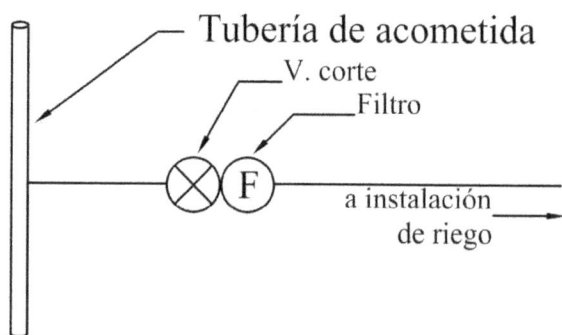

Figura 8.6. Representación gráfica de la acometida

DIVIDIR EN HIDROZONAS EL AJARDINAMIENTO Y DEFINIR EL TIPO DE RIEGO DE CADA ZONA

Las hidrozonas son zonas del jardín cuyas especies vegetales poseen similares requerimientos hídricos.

En el proyecto se pueden diferenciar tres hidrozonas:

- **La zona cespitosa**: se utilizarán difusores por ser los que mejor se adaptan al reducido tamaño de la parcela. Se tendrá en cuenta la orientación.

- **La zona de plantación arbustiva**: se regará mediante riego por goteo.

- **La zona del seto perimetral**: al ser tan estrecha se regará con el agua procedente del riego por difusión, no necesitando ningún tipo de riego independiente.

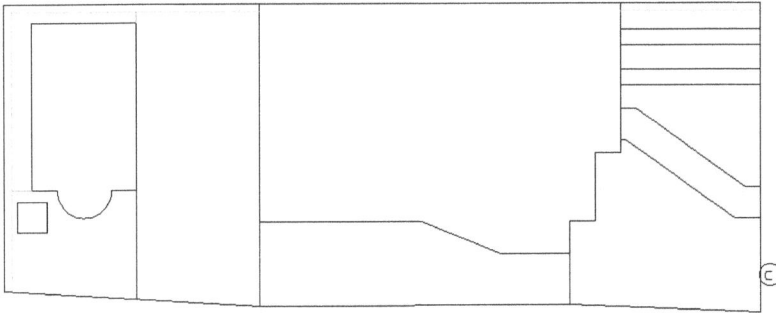

Figura 8.7. Seto perimetral

COLOCACIÓN DE EMISORES

La geometría del jardín y su reducido tamaño determinan que el mejor sistema de riego sea mediante difusores.

Se selecciona un modelo de los muchos que se comercializan en el mercado con una altura de elevación de 10 cm con toberas intercambiables y de ángulo de riego ajustable. Además, al ser un proyecto de una vivienda privada se selecciona la gama residencial de la marca. Como el terreno es completamente llano no se instalarán válvulas antidrenaje en el propio difusor, al no ser necesario.

En el plano anterior se observa como se ha dividido la superficie, primeramente por hidrozonas y posteriormente en zonas poligonales simples. Cabe destacar que esa es una solución, pero que podrían existir más planteamientos igualmente válidos.

Para la colocación de los emisores, se seleccionan las subdivisiones una a una, y se plantean como si fuesen proyectos independientes (aunque sin perder la visión global). Se colocan los emisores en el terreno siguiendo el orden que se comentó en el capítulo 3, es decir, se empieza situando en las esquinas y en los puntos de inflexión de los polígonos en que se ha dividido el terreno. Posteriormente se colocan en los límites o líneas del polígono, para terminar situando los emisores de relleno si son necesarios. Es posible que se requiera volver a ubicar alguno de forma no tan matemática para favorecer la uniformidad de aplicación.

Cuando se sitúen los difusores se debe acompañar de alguna anotación que señale el tipo de tobera que va instalada en el vástago.

Hay que observar la siguiente secuencia explicativa, en la que las dimensiones vienen acotadas.

Primero en las esquinas y puntos de inflexión.

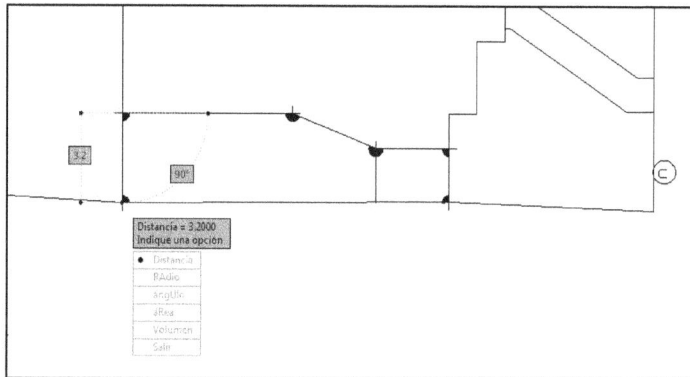

Figura 8.8. Medición de polígonos regulares. 3,2 m

En este caso, se subdivide la zona para evitar rebasamientos excesivos.

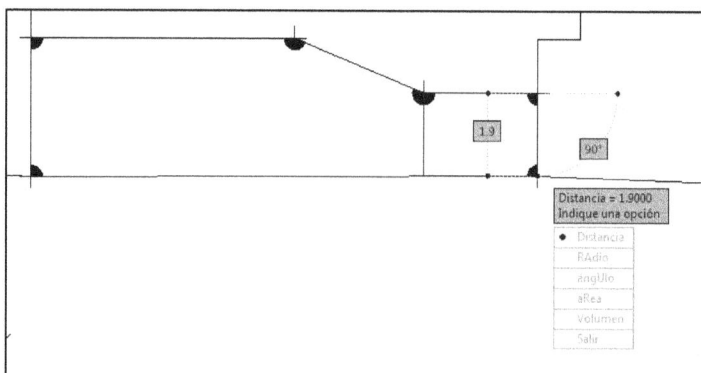

Figura 8.9. Medición de polígonos regulares. 1,9 m

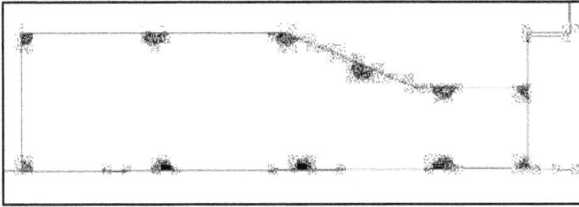

Figura 8.10. Difusores colocados en polígono

Se continúa situando emisores en los límites del polígono.

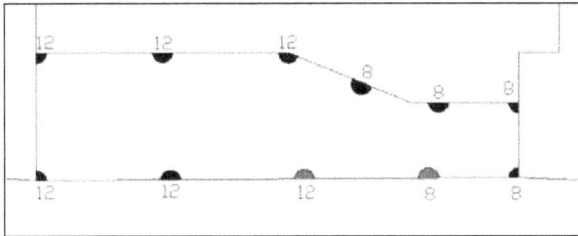

Figura 8.11. Corrección de posición de 2 difusores. Toberas necesarias

En este caso, no es necesario plantear ningún emisor de relleno. También se observa que cada difusor figura con la tobera que llevará montada en la instalación. Y por último un detalle: en los difusores marcados en rojo se ha corregido su posición para aumentar la uniformidad y evitar rebasamientos innecesarios.

De esta forma se continúa con el resto de las subzonas del jardín.

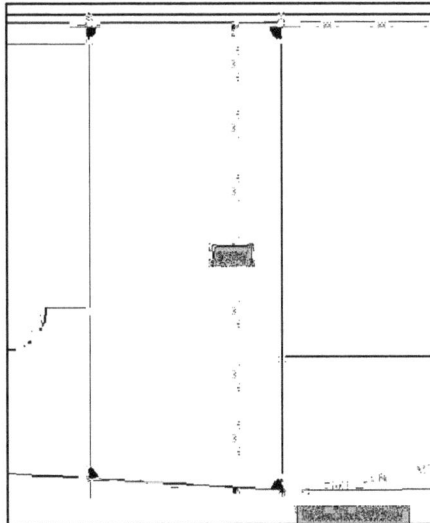

Figura 8.12. Medición de polígonos regulares. 11,15 m

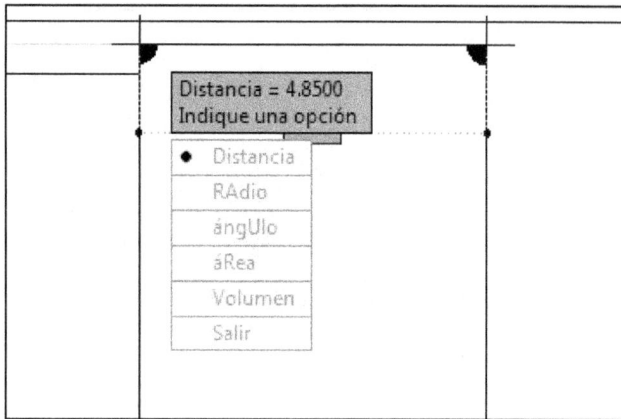

Figura 8.13. Medición de polígonos regulares. 4,85 m

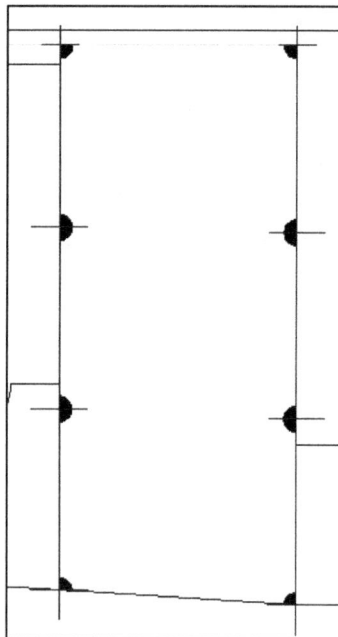

Figura 8.14. Difusores colocados en polígono

Se realiza el proceso como dicta la norma, se empieza por las esquinas y puntos de inflexión, y después por los rellenos en los límites.

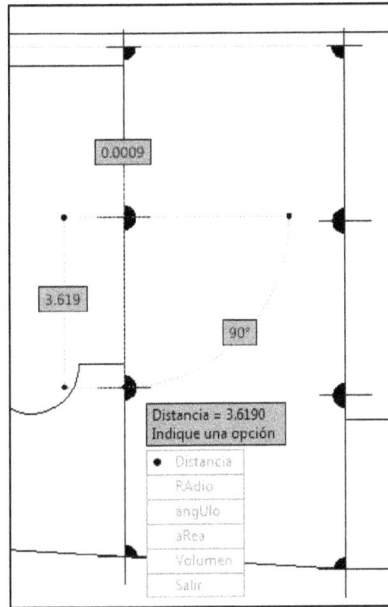

Figura 8.15. Distancia entre difusores. 3,62 m

Se observa que los difusores de una línea no mojan a los de la otra línea, y, aunque no es necesario, lo que sí se exige es que cada aparato sea mojado por otros dos al menos. Esta circunstancia no se produce en los emisores de las esquinas, con lo que habrá que situar algún difusor que se encargue de completar la cobertura de la zona.

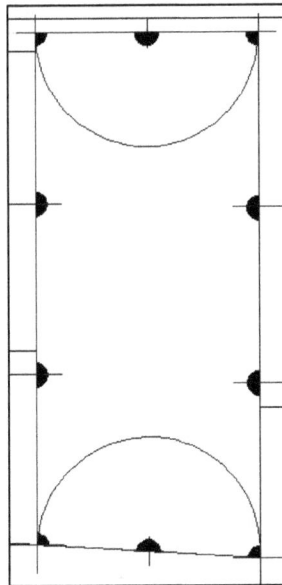

Figura 8.16. Difusores centrales para solapamiento

La solución definitiva de esta zona es la siguiente.

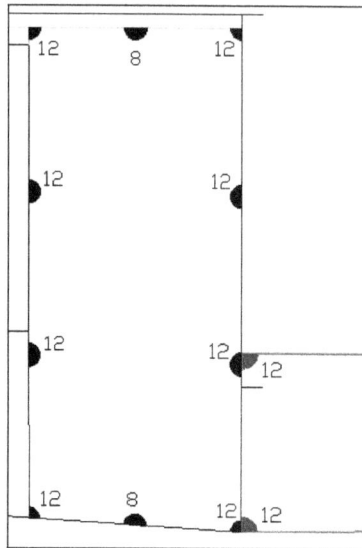

Figura 8.17. Toberas necesarias 12A y 8A

En esta última imagen se ha añadido una parte del polígono adyacente. En él se puede observar que hay dos difusores en el mismo punto que los del polígono en estudio. Si tuvieran el mismo alcance, se pondría solamente uno de los dos. En este caso, aunque la tobera sea la misma, el alcance es diferente, por lo que se instalarán dos difusores uno junto a otro, y se regulará por separado cada uno con las características geométricas que necesita la subzona a la que pertenece.

Se sigue con el proceso igual en el resto de las zonas.

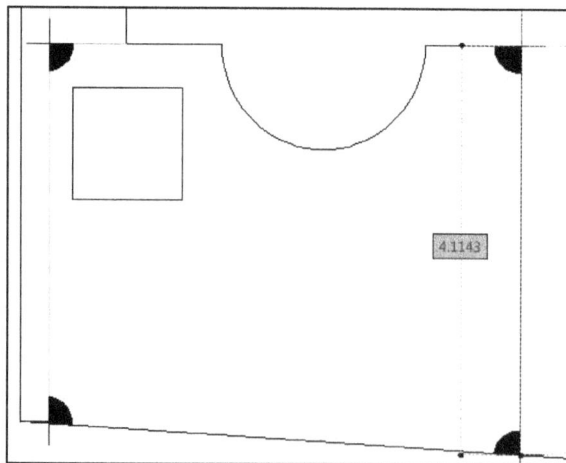

Figura 8.18. Difusores en esquinas. Anchura 4,11 m

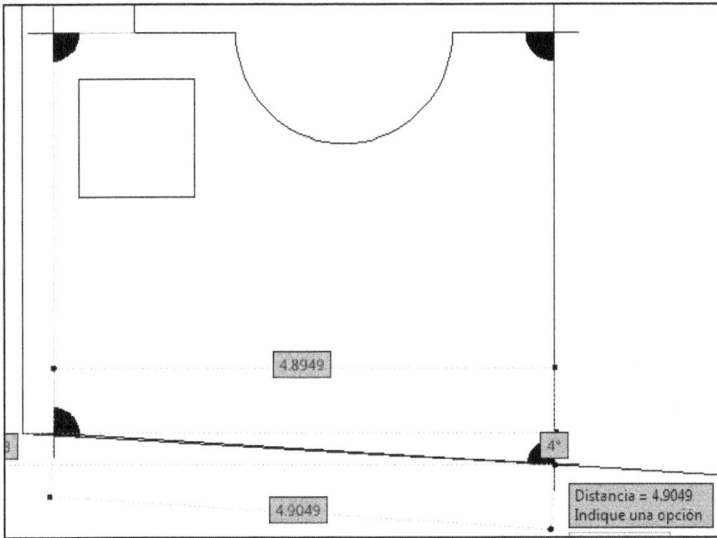

Figura 8.19. Difusores en esquinas. Anchura 4,91 m

Se sitúan los difusores en las esquinas de la zona, y posteriormente se analizan las dimensiones.

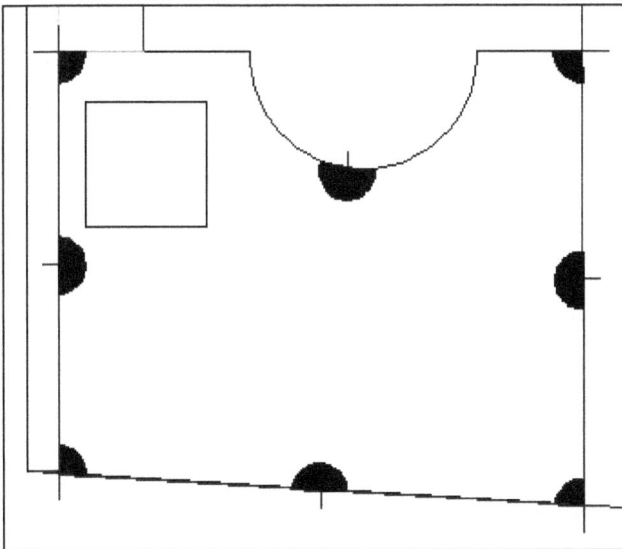

Figura 8.20. Colocación de difusores

Es necesario colocar otros 4 difusores para lograr una cobertura adecuada.

De la posibilidad de mojar o no la piscina depende que se deban instalar más difusores. Dado que es una piscina, se opta por permitir que exista rebasamiento.

La regulación de los difusores de la parte superior de la zona es la que sigue.

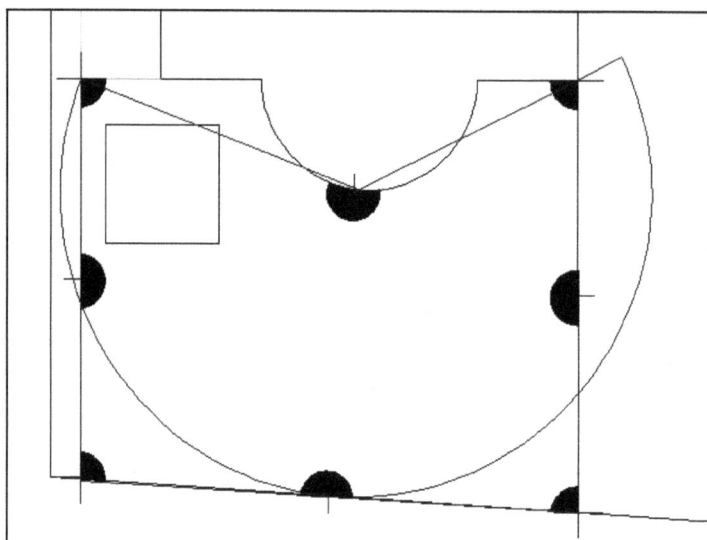

Figura 8.21. Regulación difusor

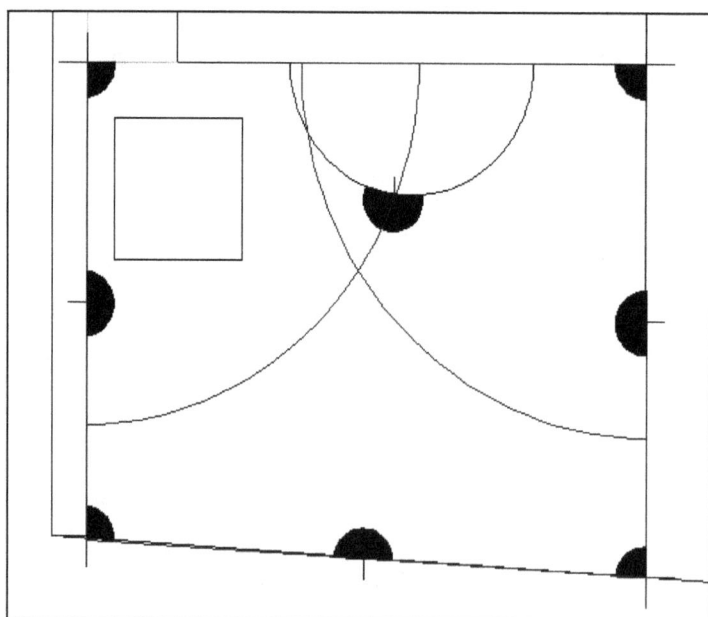

Figura 8.22. Regulación difusores

La solución de esta zona es la siguiente.

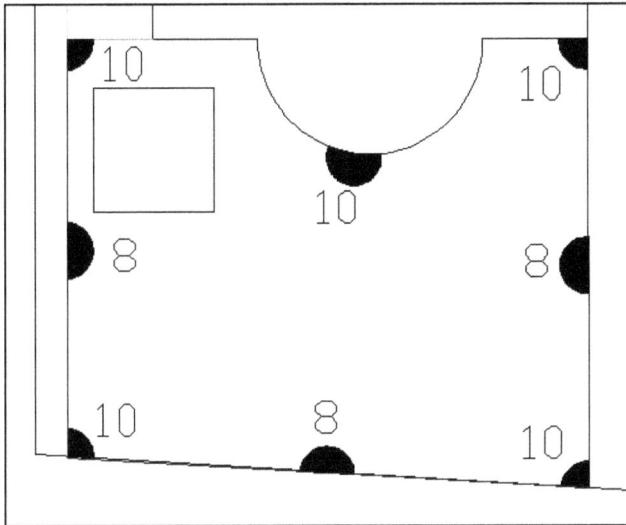

Figura 8.23. Toberas necesarias 10A y 8A

La siguiente subdivisión se plantea de igual forma, teniendo en cuenta que se mojarán las zonas pavimentadas de las rodadas del coche al ser un diseño naturalizado con llagas vegetales entre las piedras.

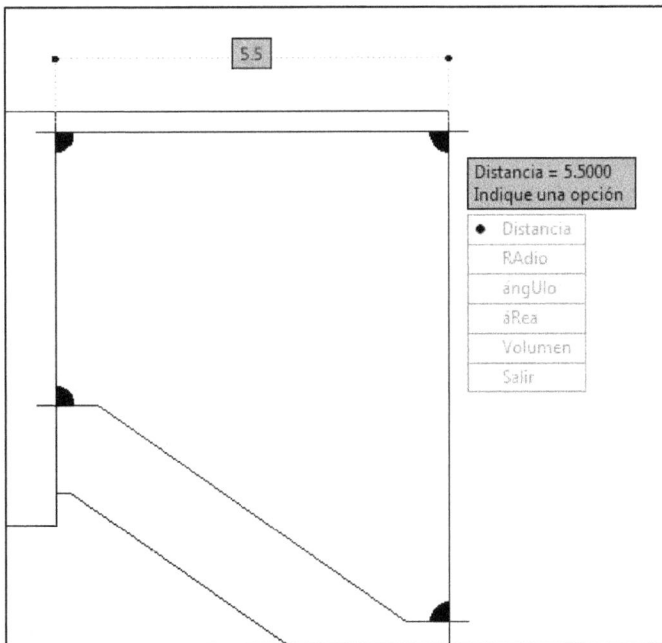

Figura 8.24. Difusores en esquinas. Anchura 5,5 m

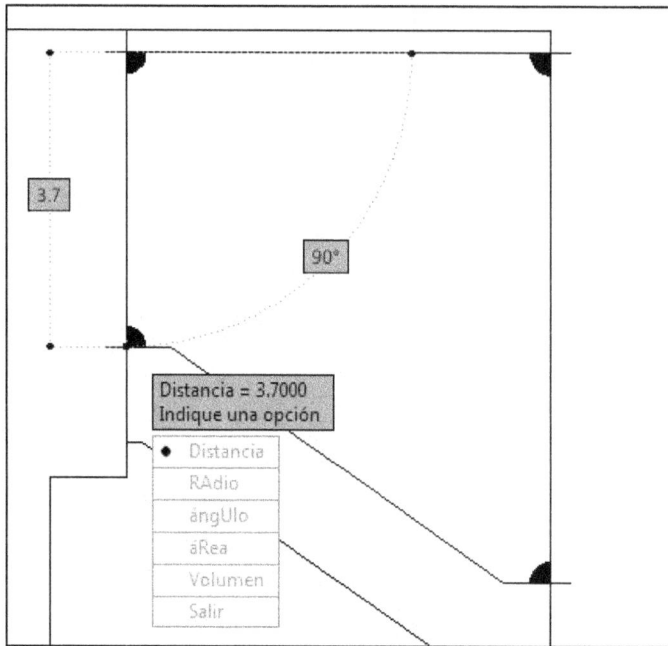

Figura 8.25. Longitud corta 3,7 m

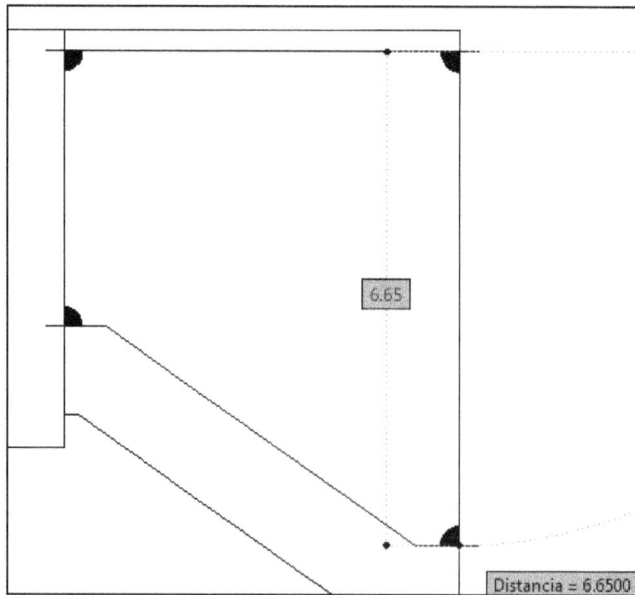

Figura 8.26. Longitud larga 6,65 m

Se colocan los difusores en las esquinas y se analizan las dimensiones para replantear los emisores que se ubicarán en el siguiente paso.

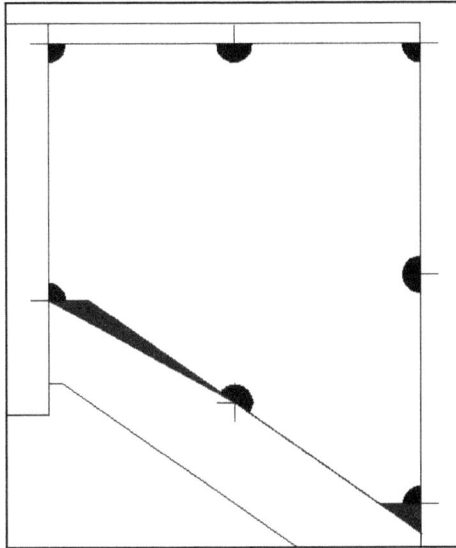

Figura 8.27. Rebasamientos

Se observa que se producen pequeños rebasamientos.

Es posible que con un riego como el que se ha planteado funcionase de forma adecuada, más aún teniendo en cuenta que las zonas pavimentadas (no se han dibujado para no enturbiar la claridad de la ilustración) evacuarán el agua por escorrentía hacia sus bordes. No obstante, si se tienen dudas sobre la uniformidad del riego, es preferible instalar un aparato, y si a posteriori no fuera necesario se eliminaría o se cerraría su salida de agua.

La solución de la zona es la siguiente.

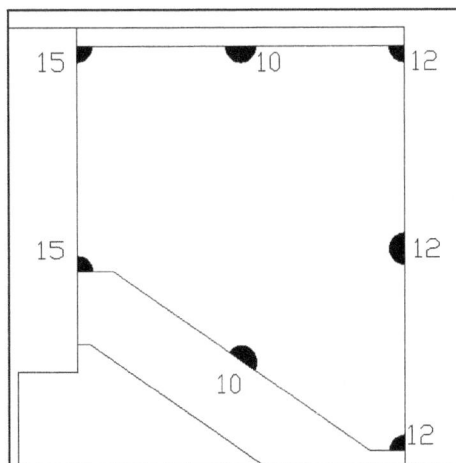

Figura 8.28. Toberas necesarias 15A, 12A y 10A

Por último, se realizan los mismos pasos, situando en esquinas y puntos de inflexión los difusores, y se realiza el análisis dimensional.

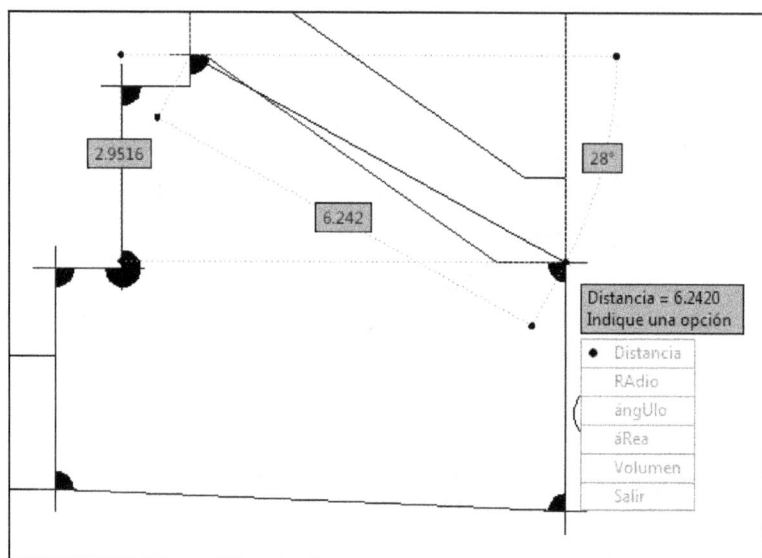

Figura 8.29. Difusores en esquinas

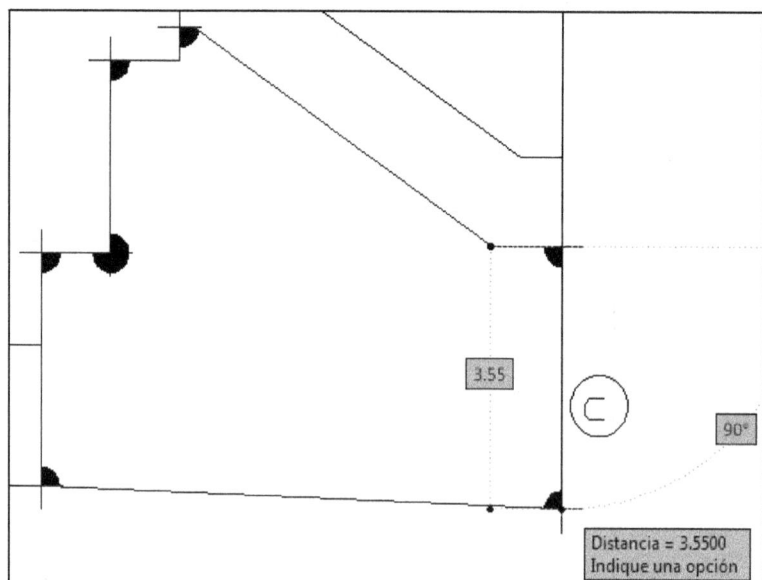

Figura 8.30. Anchura 3,55 m

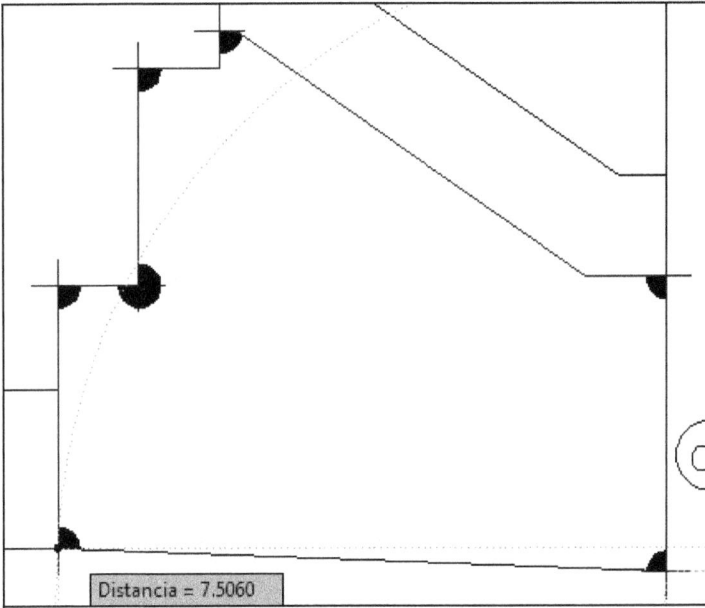

Figura 8.31. Longitud 7,5 m

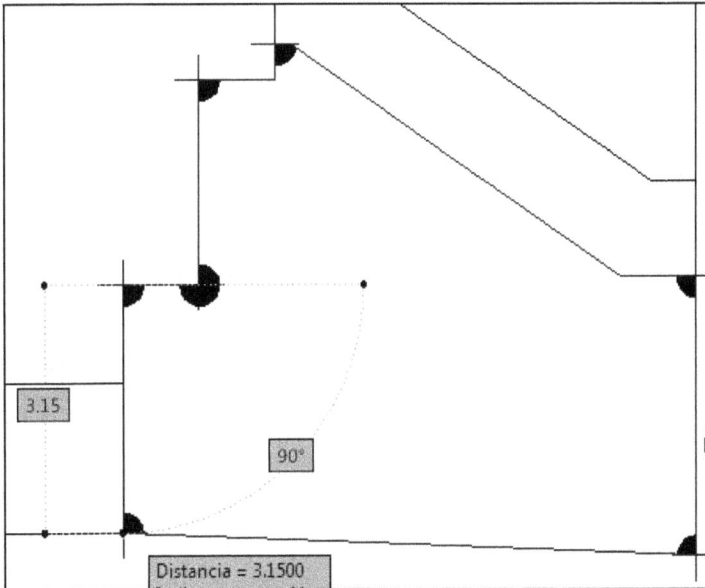

Figura 8.32. Anchura 3,15 m

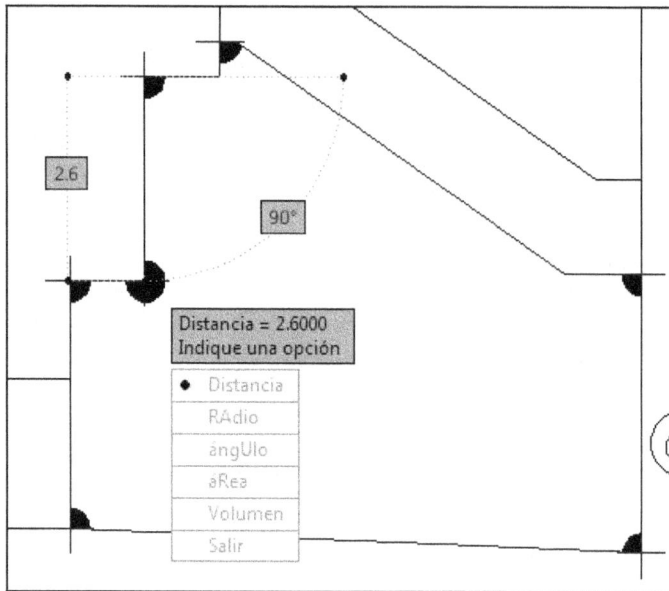

Figura 8.33. Longitud 2,6 m

Se colocan difusores para obtener una correcta cobertura de riego.

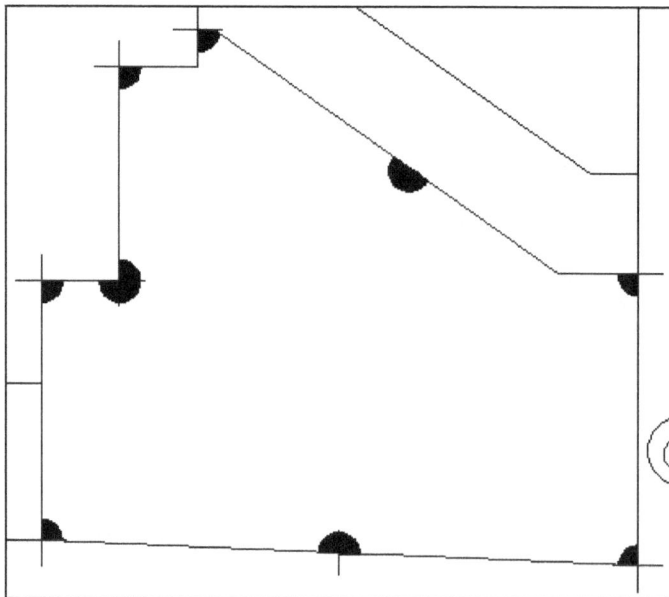

Figura 8.34. Emisores intermedios necesarios

Se detallan a continuación varios detalles de regulación de esta subdivisión.

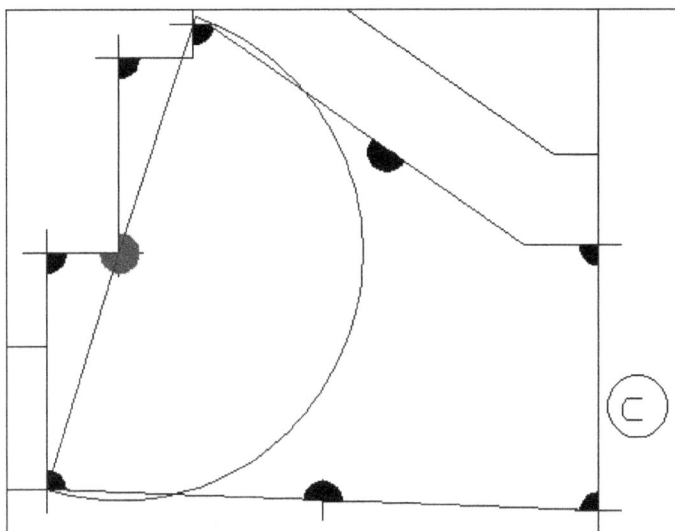

Figura 8.35. Difusor con poca uniformidad

El difusor sombreado con cobertura marcada sólo es mojado por otro aparato, por lo que se determina instalar una tobera de alta uniformidad (toberas que riegan muy cerca de la base del difusor).

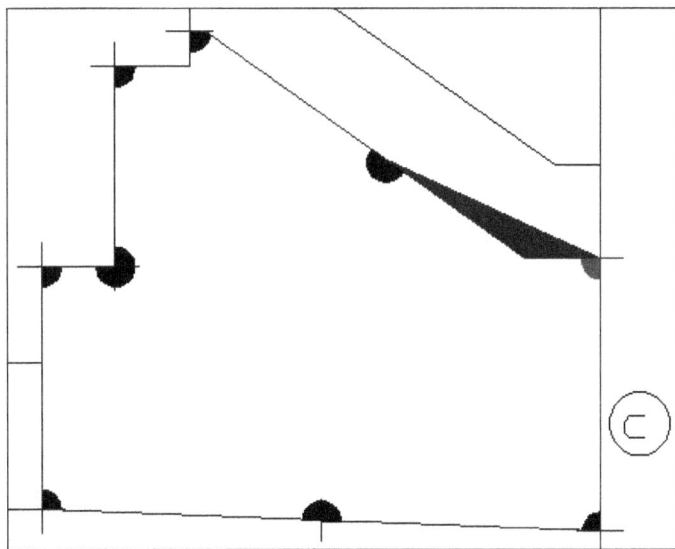

Figura 8.36. Leve rebasamiento

El difusor produce un leve rebasamiento mojando el camino para cubrir el difusor de su derecha.

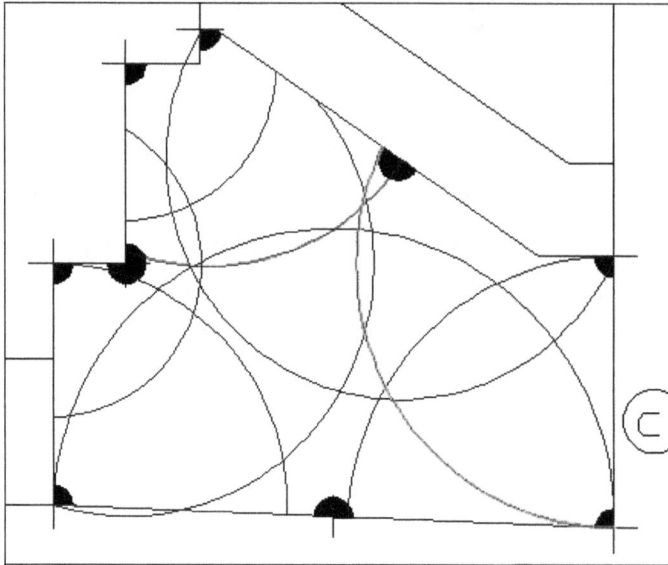

Figura 8.37. Arcos de riego

Al analizar las coberturas de todos los difusores, se observa que el difusor central de la línea inferior tiene problemas con la cobertura, por lo que se realizan dos acciones correctivas. La primera se recoloca un poco a la izquierda. La segunda consiste en poner un difusor de apoyo a su cobertura. El resultado definitivo es el siguiente:

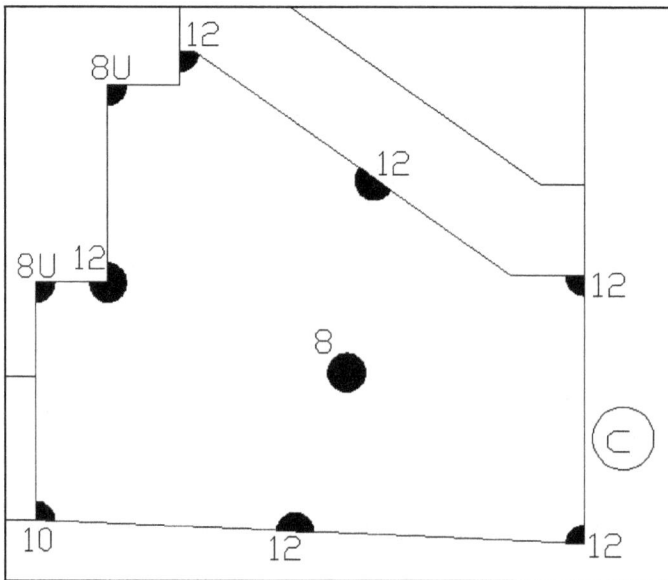

Figura 8.38. Difusor de relleno

Para la zona de plantación arbustiva, se instalará una pequeña parrilla de tuberías portagoteros con goteros cada 50 cm, y una distancia entre tuberías de 50 cm, aunque si el terreno lo requiriese puede ser una distancia inferior.

El resultado definitivo de la colocación de difusores es el siguiente:

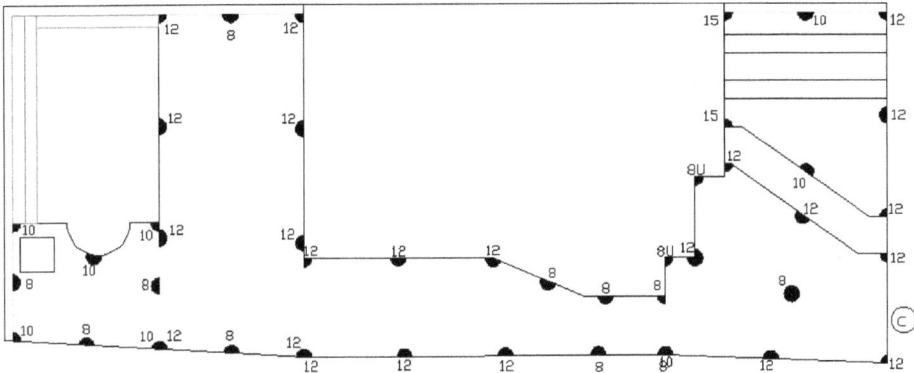

Figura 8.39. Plano general con toberas

SECTORIZACIÓN DE LA INSTALACIÓN

Como se ha expresado a lo largo del capítulo 3 del presente libro, sectorizar es dividir la instalación de riego en diversas zonas. Los motivos de esta división pueden ser:

- **Hidráulico**; ante la imposibilidad de que la acometida suministre suficiente caudal para que todo el riego funcione al mismo tiempo.

- **Uniformidad**; cada tipo de emisor no se debe mezclar con otros, pues la pluviometría de cada uno es extremadamente diferente.

- **Agronómicos**; porque no todas las zonas van a tener las mismas necesidades hídricas, bien por ser especies vegetales diferentes, bien porque su exposición solar es diferente…

- **Otros motivos**; puede que no sea adecuado para el proyecto realizar una elevada partida de obra civil asociada, criterios económicos…

En cualquier caso, siempre hay que conocer la sectorización hidráulica, es decir, el número de sectores de riego mínimos en que la acometida de agua obliga a dividir la instalación de riego.

Para ello hay que cuantificar el consumo de todos los emisores de la instalación.

Tras realizar el cálculo, la suma de todos los caudales de las toberas de difusión se cuantifica en aproximadamente 199,5 l/min.

En el apartado 1 de este anexo se calculó que la acometida de agua de la finca, tras las leves modificaciones que se han realizado, suministra alrededor de 76 l/min.

Así pues, es necesario que existan 3 sectores de riego (2,46 sectores), más 1 adicional para la pequeña zona de plantación.

Este dato es el número mínimo de sectores de riego que hay que instalar, y pese a que se incremente en un pequeño porcentaje el presupuesto de instalación, es preferible aumentar la sectorización atendiendo a los criterios agronómicos y de uniformidad. Además, casi nunca es recomendable ajustar la sectorización a la capacidad hidráulica existente en la acometida de agua en previsión de posibles leves cambios en la disponibilidad del caudal.

Únicamente atendiendo al criterio agronómico de exposiciones solares, y buscando la uniformidad en la aplicación del agua, interesaría regar las siguientes zonas de forma individual para poder ajustar de forma más exacta los tiempos de riego.

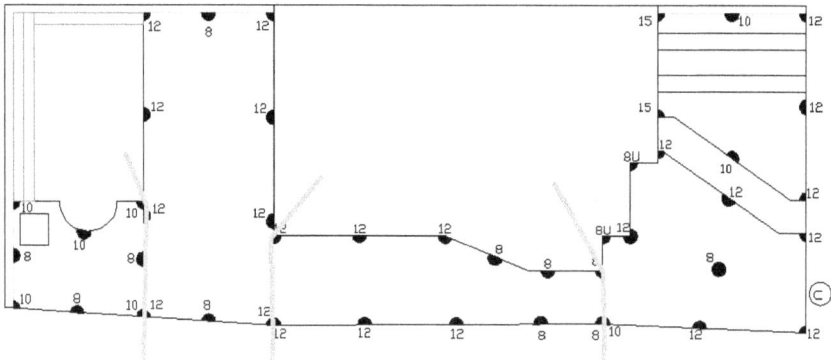

Figura 8.40. División en sectores

Se debe comprobar de forma individualizada si esta división agronómica puede ser viable con la capacidad hidráulica de suministro de la acometida de agua de la vivienda.

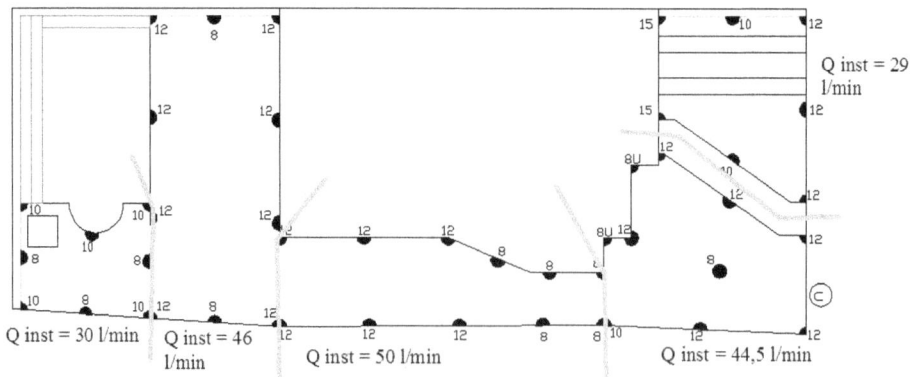

Figura 8.41. Caudales instantáneos de sectores

Se comprueba que la capacidad de la acometida es superior a la demanda de agua de la sectorización que se propone en este caso.

Así pues, la solución adoptada para este proyecto es:

- **Un sector para el riego por goteo**.

- **Cinco sectores para el riego por difusión**.

TRAZADO DE LA TUBERÍA DE SECTORES O SECUNDARIA

En el capítulo 3 del presente libro, al tratar el trazado de tuberías, se mencionaron dos posibles variantes, el circuito abierto y el circuito cerrado, y se comentaron las ventajas de ambos sistemas. Elegir uno u otro también se ve condicionado a la hora de ejecutar la obra por el tipo de maquinaria de zanjeo a emplear. Así, de forma práctica se suele aconsejar dimensionar un circuito abierto cuando únicamente existen dos líneas de difusores en el sector de riego (salvo que las líneas tengan una gran longitud), y circuitos cerrados o anillos para los casos en los que existen más de 2 líneas de emisores o tienen una forma muy irregular.

En cuanto al trazado en sí de la tubería, también tiene que ver con la capacidad de maniobra de la máquina que se emplee en el zanjeo y el espacio para amontonar la tierra extraída de la propia zanja. Con el tiempo y la experiencia cada vez se perfecciona mejor el método. Además, también es aconsejable dejarse guiar por el operario que maneja la zanjadora, pudiendo existir modificaciones del trazado en el proceso de zanjeo.

Aplicando estos consejos, la solución adoptada es la que sigue.

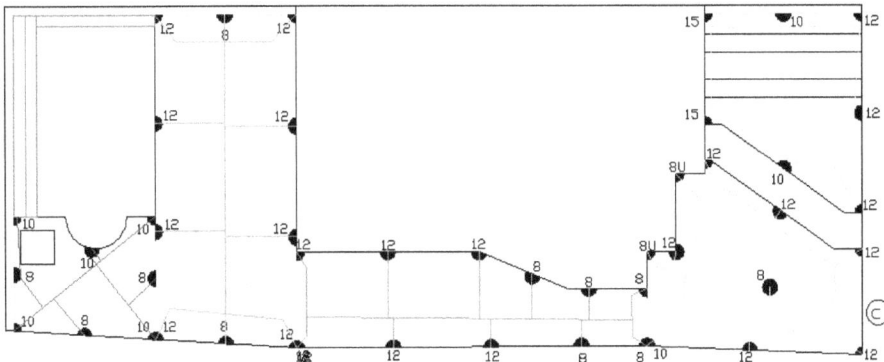

Figura 8.42. Trazado de tuberías secundarias

Se indica que cualquier otra solución puede ser igualmente válida.

SITUACIÓN Y DIMENSIONAMIENTO DE LOS CABEZALES DE RIEGO

La situación de los cabezales de riego de la instalación, como se explicó en el capítulo 3, no es una cuestión trivial y condiciona varios aspectos futuros:

- La agrupación de sectores dentro de una misma arqueta.

- Condiciona el dimensionamiento de la red de tuberías secundarias.

- Condiciona la estética del jardín.

- Condiciona el coste y dimensionamiento del sistema de automatización.

Así pues, es un punto que exige una reflexión pormenorizada de los parámetros.

En el caso del ejemplo, se optó por:

- Unificar lo máximo posible la instalación, para tener el menor número de arquetas en el jardín (estética), y por tanto el menor número de puntos de revisión y mantenimiento.

- Situarlas en puntos poco visibles y apartados de los puntos centrales del jardín para que no condicionen su uso ni funcional ni estético.

La solución que se adoptó fue la siguiente:

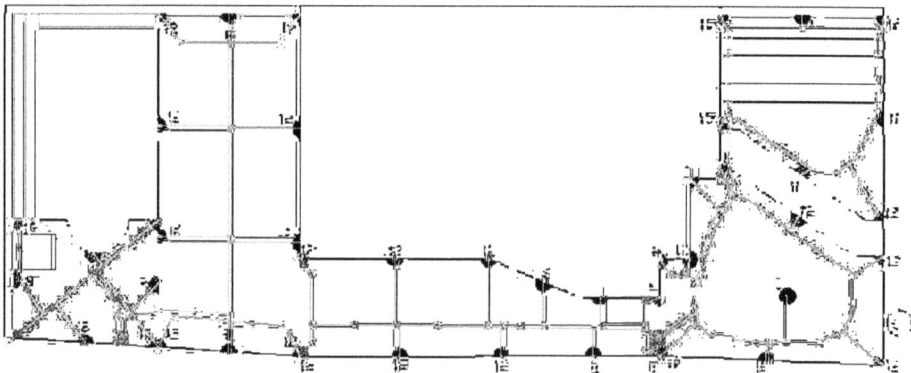

Figura 8.43. Cabezales de riego

En el plano se aprecia que se han terminado de trazar las tuberías secundarias, aprovechando las zanjas que se van a realizar.

TRAZAR LA TUBERÍA GENERAL

La tubería general es la tubería que abastece de agua a los cabezales desde la acometida de agua del jardín. Así pues, su trazado siempre parte de la acometida de agua de la instalación y recorre todos los cabezales de riego existentes.

Para su trazado se aconseja que:

- Sea lo más corto posible.

- Que en su trazado se aproveche al máximo el zanjeo existente.

- Sea un trazado lógico y no enrevesado.

Aplicando estos consejos, la solución propuesta es la siguiente:

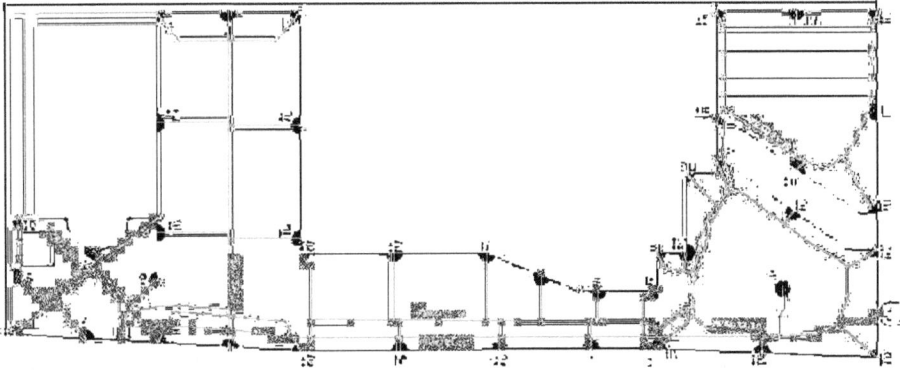

Figura 8.44. Tubería principal

DIMENSIONAMIENTO DE LA RED DE TUBERÍAS

En la actualidad, por la forma de instalar y el costo de los materiales, se suelen dimensionar las tuberías en polietileno tal y como se ha mencionado a lo largo de todo el presente libro.

Por razones de capacidad hidráulica, facilidad de montaje y economía, en la instalación se empleará únicamente polietileno de alta densidad timbrada a 10 atm (la presión estática es 6 atm, y aunque las secundarias nunca soportarían dicha presión por simplificación de almacén se instalarán con timbraje en 10 atm), y para las alimentaciones a los emisores se emplearán tuberías de polietileno baja densidad 6 atm 16 mm, extraordinariamente flexibles.

Definidos los materiales que se utilizarán en el proyecto, se cuantifica el consumo de cada uno de los sectores de riego, simplemente sumando los consumos de los emisores de cada zona. Tras obtener los consumos punta de cada sector de riego, se dimensionan, con ayuda de las tablas de caudales del capítulo 2, las dimensiones de la tubería que se necesita para transportar en óptimas condiciones el caudal demandado.

El resultado es el siguiente:

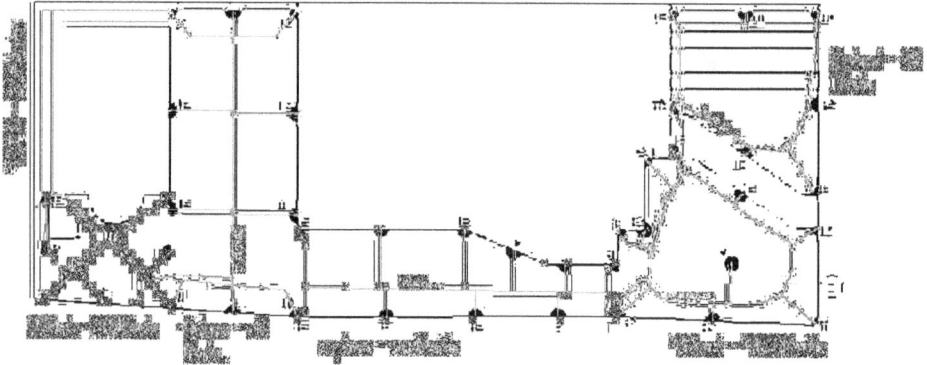

Figura 8.45. Diámetros de tuberías secundarias

En el siguiente anexo se profundiza en el sistema de riego por goteo.

DIMENSIONAMIENTO DE LOS CABEZALES DE RIEGO DE LA INSTALACIÓN

Una vez ya localizados los cabezales de riego, hay que definir qué válvulas de control llevarán y qué dimensiones tendrán éstas.

Así pues, el cabezal situado a la derecha de la imagen será arqueta 1, el cabezal situado a la izquierda se nombra como arqueta 2, y por último se tendrá que definir y dimensionar el colector de válvulas de la nueva acometida al jardín.

Se definen por orden.

La arqueta de la nueva acometida, tal y como se expresó en el punto 3 del presente anexo, estará formada por una válvula de aislamiento, un filtro de elementos gruesos de malla de acero y una válvula de retención para evitar la mezcla de aguas en cualquier hipotético caso.

El despiece propuesto es el siguiente:

Figura 8.46. Aislamiento de la red de riego

Se definen las dimensiones de las válvulas, como se explicó en el capítulo 2:

La tubería principal de la instalación es de diámetro 32 mm, por lo que la válvula de aislamiento de esfera será de dimensiones equivalentes (1").

El filtro de malla de acero para elementos gruesos (80 mesh) será del mismo tamaño que la válvula a la que acompaña, es decir, 1".

La válvula de retención también es del mismo tamaño que la tubería donde va instalada, es decir, de 1".

Una observación: en la práctica, los filtros de 1", pese a estar correctamente dimensionados, tienen una capacidad de depósito muy pequeña y, si se prevé un mantenimiento deficitario, es conveniente ampliar en una medida el tamaño de dicho filtro.

En el caso de estudio, se sobredimensionan las tres válvulas hasta la medida de 1 ¼" para dotar a la instalación de un mayor depósito en el filtro.

La llamada arqueta número 1 es un cabezal de riego que controla el riego de tres sectores de difusión. En este tipo de sectores es sólo recomendable instalar una válvula de aislamiento para poder cerrar la red de tuberías en caso de reparación.

El cabezal de riego tendría una apariencia similar a la siguiente:

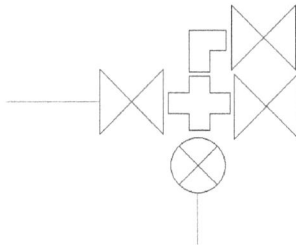

Figura 8.47. Cabezal de riego con 3 electroválvulas

Las dimensiones de todas las válvulas se calculan como se explica en el capítulo 2.

Tanto la tubería principal como todas las secundarias son de diámetro 32 mm, con lo que la válvula de esfera será también de 1".

En cuanto a las electroválvulas, se seleccionan unas electroválvulas de la serie residencial. Se seleccionan con regulador de caudal, muy aconsejable en los riegos tanto por aspersión como por difusión para regular de forma correcta el tamaño de la gota de agua. Como se explicará en el próximo apartado del anexo, se seleccionan con solenoides de 24 V, al ser una instalación de programador centralizado.

Las electroválvulas no se dimensionan en función del diámetro de tubería, sino en función del caudal al que deben dar paso. Para ello hay que basarse por un lado en los caudales punta de cada sector (ya calculados), y por otro lado, en las tablas del fabricante de las electroválvulas seleccionadas.

PGV-101G		
m³/hr	1" en línea	1" en ángulo
0,23	0,08	0,07
1,14	0,13	0,07
2,27	0,13	0,07
3,41	0,11	0,07
4,54	0,23	0,14
6,81	0,42	0,21

Courtesy of Hunter Industries

Figura 8.48. Pérdidas de carga en electroválvula

Así pues, se selecciona la electroválvula PGV-101G®.

Por último, la arqueta número 2 reúne dos sectores de riego por difusión y el sector de riego por goteo.

El riego por goteo de la zona de plantación es extremadamente pequeño, por lo que se adoptará una solución residencial. En el anexo 5, se desarrolla un ejemplo de instalación de riego por goteo en una zona con entidad.

Así pues, el cabezal de riego tendrá una apariencia como la siguiente:

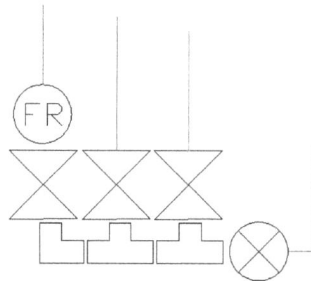

Figura 8.49. Cabezal de riego con 3 electroválvulas

Al igual que en el caso anterior, tanto las tuberías secundarias de los sectores de difusión como la principal son de diámetro 32 mm, con lo que la válvula de esfera será de 1".

Cotejando los caudales punta de los sectores de difusión con las tablas del fabricante de electroválvulas, se decide que se instalarán las PGV 101G®.

En el caso del sector de riego por goteo, el caudal es de 2,5 l/min, es decir, 0,15 m³/h, con lo que se instalará la electroválvula SRV-101®.

Como reductor de presión y filtro de elementos finos, se elige una pieza combinada PCZ-101® que se comercializa para pequeñas aplicaciones residenciales como la del caso.

Courtesy of Hunter Industries

Figura 8.50. Pieza combinada electroválvula + filtro + reductor

AUTOMATIZACIÓN DE LA INSTALACIÓN

La automatización de cualquier sistema de riego está compuesta fundamentalmente por dos partes:

- **Electroválvulas.**

- **Programador.**

Las primeras se han definido en el apartado anterior del anexo, y solo queda por definir el programador.

En el presente caso, se trata de un proyecto residencial, en el que no se demandarán grandes opciones de programación, además no es previsible viendo la fisionomía del ajardinamiento que se produzcan ampliaciones posteriores en el número de fases de riego.

Por todo lo comentado, se recurrirá a un programador residencial de funcionalidades simples y con 6 estaciones de control.

Los autores recomiendan instalarlo siempre con transformador interno, lo que se conoce como programadores para exteriores, aunque en este caso se situará en el garaje, en el cual la constructora ha previsto un tubo para pasar cables hasta una arqueta en el jardín, situada en el suelo entre las dos rodadas de pavimento.

En este tipo de automatizaciones centralizadas, hay que definir el cableado que conecta el programador con las electroválvulas.

Tal y como se detalló en los capítulos 2 y 3 del presente libro, hay que llevar un conductor desde el programador a todas las electroválvulas de forma continua (común), y otro conductor que va desde el programador a cada electroválvula de forma independiente a cada una (cable de sector).

Dicho lo cual, hay que definir varios parámetros para definir el cable de forma completa:

- **Revestimiento y aislamiento**.

- **N.º de conductores**.

- **Sección de conductores**.

Dentro del primer punto, el revestimiento depende del instalador. En el presente caso se seleccionó funda de PVC: en todos los casos debe tener un aislamiento de 1 kV.

El número de conductores es simple de calcular; es un conductor por electroválvula, más uno común; así pues, en el presente caso, sería válido un cable de 7 conductores.

Para el cálculo de la sección se emplea la fórmula de cálculo de secciones para cables en instalaciones monofásicas.

$$S = \frac{2 \cdot D \cdot C}{56 \cdot \delta \cdot T}$$ * Ver capítulo 2.

La longitud que se emplea es la mayor de la instalación, es decir, desde el programador hasta la electroválvula más alejada recorriendo todas las demás por la zanja, y añadiendo holguras, relativas a dejar un sobrante en cada arqueta, un coeficiente de serpenteo dentro de la zanja y un margen para poder realizar el montaje propiamente dicho.

Con esas premisas, se estima una longitud total de 30 metros. Con ese dato, al aplicar la fórmula, resulta que la sección es de 0,19 mm^2. La sección comercial más cercana es de 0,5 mm^2.

Por tanto, se utilizará cable de PVC 8 x 0,5 mm^2 de 0,6 mm/1 kV. Se utiliza de 8 conductores por no ser comunes los cables con un número impar de conductores (a excepción del cable de 3 conductores), aunque si se encuentra de 7 conductores es perfectamente válido.

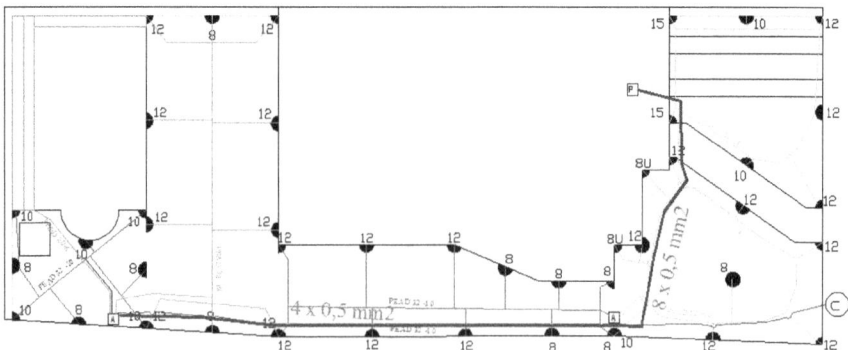

Figura 8.51. Cableado

En cualquier caso, no se utilizan los 8 conductores en todo el recorrido, solo en el primer tramo. En el segundo tramo, solamente hay que alimentar 3 electroválvulas y el común, por lo que se empleará cable de PVC 4 x 0,5 mm^2 de 0,6 mm/1 kV. Las conexiones se realizarán siempre en el interior de las arquetas para que queden registradas, y se protegerán de forma debida (ver capítulos 2 y 3).

SITUAR LA RED DE HIDRANTES

En el presente caso, no se instalará ningún hidrante adicional, se utilizará para tal fin el grifo que existe instalado en el lateral de la vivienda.

Si se hubiese optado por la instalación de hidrantes, sería adecuado, debido a la tipología del proyecto, instalar hidrantes de acople rápido (capítulo 2), con una válvula de esfera (cierre en caso de rotura) dentro de una pequeña arqueta circular. Por supuesto, se instalarían en la tubería general (red en carga), para que tengan servicio siempre.

8.5 ANEXO 5: EJEMPLO PRÁCTICO 2

Como se mencionó en el anexo anterior, se va a desarrollar un ejemplo de cómo enfocar el dimensionamiento de un sistema de riego por goteo en una zona muy extensa.

En este caso se ha seleccionado un proyecto que hasta ahora no se ha ejecutado. Se trata de un talud de plantación de grandes dimensiones, proyectado por la paisajista Pilar Tejela de *Espacios Vivos*.

El procedimiento para un proyecto de riego automático es siempre el mismo (con excepciones, relacionadas casi siempre con instalaciones que funcionan con grupos de presión).

Dicho procedimiento consta de los siguientes pasos:

- **En el terreno**:

    - Recopilación de un plano y datos tanto de la parcela como de la futura plantación, en una visita al terreno objeto de estudio.

    - Recopilación de datos de la acometida de agua de la instalación (anexo 2).

- **En oficina**:

    - Cálculo del caudal de la acometida de agua.

    - División en hidrozonas del ajardinamiento y definir el tipo de riego que se va a emplear en cada una de dichas zonas.

    - Distribución de los emisores de riego en toda la parcela.

    - Sectorización de la instalación.

    - Ubicación de los cabezales de riego de la instalación.

- Trazado de la tubería de sectores o secundaria.

- Trazado de la tubería general.

- Dimensionamiento de la red de tuberías.

- Dimensionamiento de los cabezales de riego de la instalación.

- Selección del sistema de automatización de la instalación y dimensionamiento del cableado necesario.

- Distribución de la red de hidrantes.

VISITA A PARCELA Y TOMA DE DATOS SIGNIFICATIVOS

En este caso, al estar el ajardinamiento en fase de proyecto, no se puede realizar la visita al terreno, por lo que habrá que basarse en los planos que facilita la paisajista. Esto, unido a que se trata de un proyecto de considerables dimensiones, requiere un estudio con ciertos márgenes de seguridad a fin de compensar posibles cambios en el plano, bien debidos a errores de medida, bien debidos a cambios en el proyecto inicial.

El plano de plantación facilitado es el siguiente:

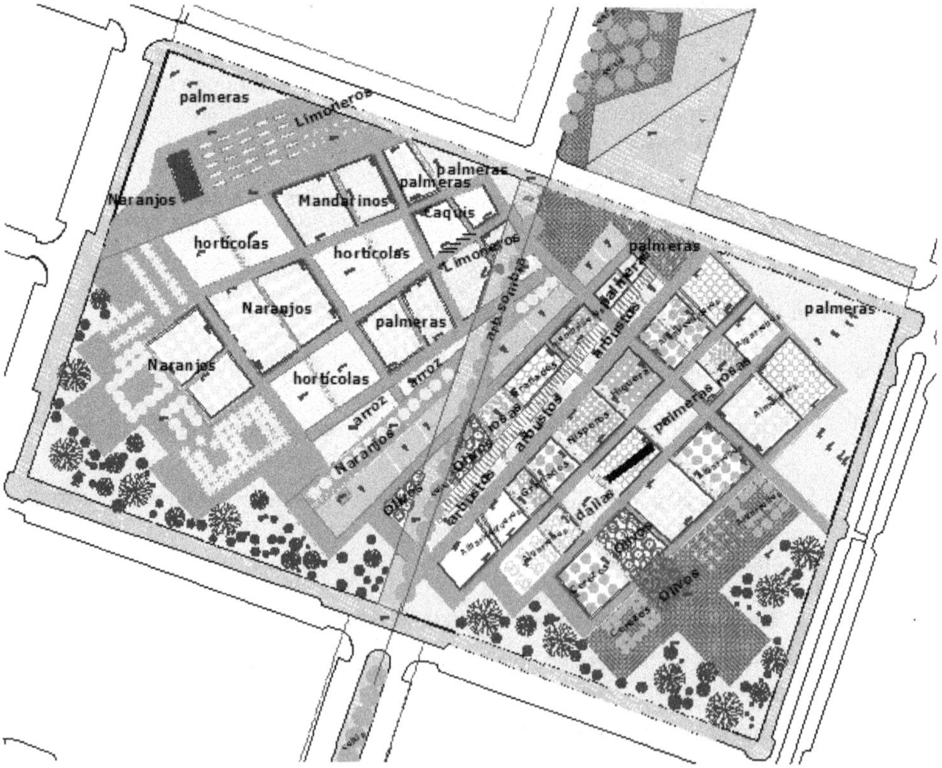

Figura 8.52. Plano de plantación

Al ser un proyecto sumamente extenso se realizará a modo de ejemplo el estudio únicamente del talud inferior izquierdo. El resto del proyecto, se resolvería siguiendo el mismo proceso de diseño.

De esta forma, la zona de estudio para este ejemplo es:

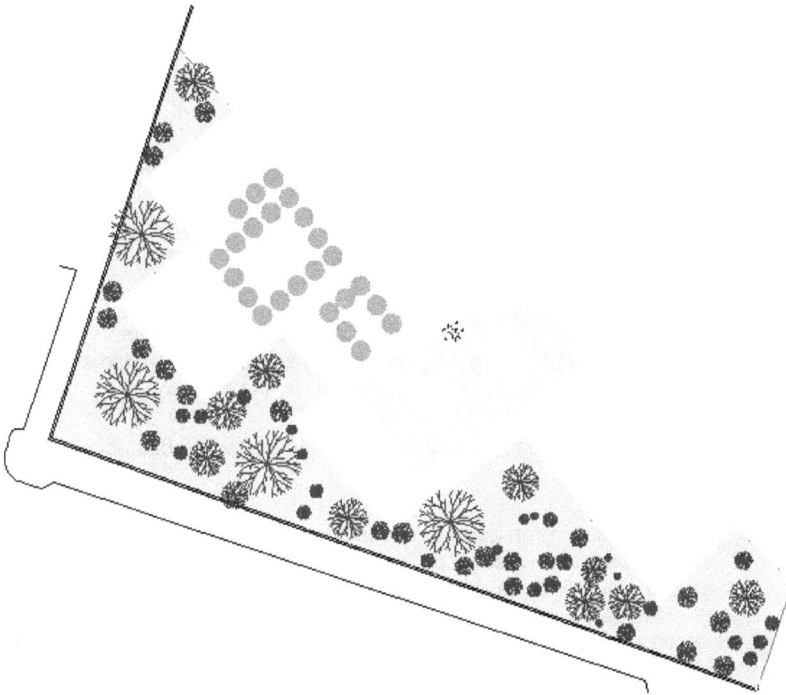

Figura 8.53. Detalle de plano de plantación

DATOS IMPORTANTES QUE SE DEBEN CONOCER ANTES DE EMPEZAR CON LA SECUENCIA DE DISEÑO

- El nuevo parque tiene una superficie de 5 ha.

- Topográficamente, la zona de estudio se divide en dos zonas bien diferenciadas: un talud que corresponde a la zona de plantación, representado con sombreado, y una zona llana donde existen unas plantaciones de árboles.

- El talud tiene un desnivel aproximado de 6 metros, siendo su parte baja la zona plana del parque (zona de arbolado), y la zona alta corresponde a la zona perimetral de acera pública.

- En cuanto a la plantación, está formada por una mezcla de especies mediterráneas de escasas necesidades hídricas. El marco de plantación de dichas especies es de 0,5 x 0,5 m. En medio del talud se proyecta plantar una serie de ejemplares arbóreos y arbustos de gran porte para romper la monotonía de la plantación.

- En la zona inferior, existen dos especies de árboles diferentes (según simbología). Por un lado se ha previsto la plantación de palmeras, y por otro serán cítricos.

- El sistema de programación es un sistema centralizado de 2 hilos.

- El norte corresponde con la zona superior del plano.

DATOS DE LA ACOMETIDA DE AGUA

En este caso, el fundamento del proyecto es la ampliación de una superficie verde cercana. Por tanto, el sistema de riego de esa zona existente ya se dimensionó con la intención de que fuese ampliable a esta nueva zona verde en proyecto.

Los datos más representativos que se disponen sobre el abastecimiento de agua de esa zona existente son:

- Zona cuyo suministro de agua proviene de una instalación de bombeo, mediante grupo de presión. En esa zona existe un sondeo que mediante una bomba sumergible eleva el agua disponible en el subsuelo hasta un aljibe o depósito. Desde dicho aljibe, se suministra el agua de riego a la red mediante un grupo de presión formado por 3 bombas montadas en paralelo, automatizadas mediante variador de frecuencia. Cada bomba es capaz de suministrar 15 m^3/h a una altura manométrica de 70 metros de columna de agua.

- De la sala de bombeo sale una red de tuberías instaladas en anillo cerrado de PEAD 10 atm 90 mm.

- Por último, el sector más desfavorable de la zona existente se encuentra en una pradera con un sector de riego por aspersión en el que funcionan 12 aspersores de alcance medio.

CÁLCULO DEL CAUDAL DE LA ACOMETIDA

Se analizan los datos que se disponen del proyecto para decidir cuál será el caudal que se utilizará para el dimensionamiento de la red.

Por un lado, se conoce la capacidad de impulsión del grupo de presión, que es de 45 m^3/h si las tres bombas trabajan a la vez, es decir, el grupo de presión podría llegar a suministrar 750 l/min a una presión de 7 atm.

Por otro lado, existe una tubería general en forma de anillo de PEAD 10 atm 90 mm, cuya capacidad de transporte es de 824 l/min a una velocidad inferior de 1,5 m/s. Con este dato, se comprueba que la red está bien dimensionada, y que no existirá una gran pérdida de carga en la tubería general.

El proyecto del ejemplo, al menos la parte que se está estudiando, es todo un claro sistema de riego por goteo, es decir, de funcionamiento a baja presión. Las bombas, al trabajar a baja presión, suministrarán bastante más caudal (no se puede concretar al desconocer la curva de la bomba).

Por último, se sabe que el sector más desfavorable de la zona ya construida es un sector de aspersión que está compuesto por aspersores de alcance medio. Se estima que cada aspersor tendrá una boquilla que aproximadamente consumirá 13 l/min de media (consumo de la boquilla de uso más común), con lo que se puede calcular de forma aproximada que el caudal punta del sector más desfavorable es de 156 l/min

Es decir, por un lado la capacidad hidráulica del grupo de presión es de 750 l/min a alta presión. Por otro lado, se observa que en el dimensionamiento de la red existente se sectorizó prudentemente en un caudal de 156 l/min. Reflexionando sobre esto último se puede ver que si seleccionamos un caudal de sectorización de 750 l/min, se conseguirá alimentar a la vez (en una parrilla de goteo de 50 x50 cm) unos 9.000 metros lineales de goteo con goteros convencionales de 2,5 l/h. Las electroválvulas que habría que instalar serían de 3", las tuberías de salida del cabezal de riego serían de 110 mm de PEAD. Si se analizan dichas dimensiones, se comprende que no son razonables, puesto que una avería dejaría sin servicio de riego 4.500 m^2, es decir, casi media hectárea de plantación.

Además, el sistema de automatización es un sistema centralizado de dos hilos. Dichos sistemas se seleccionan, entre otros motivos, cuando se quiere conservar la posibilidad de ampliar la instalación y si existe un gran número de sectores de riego que controlar. Lo cual, tras una reflexión, indica que puede haber problemas por un lado con los tiempos de riego (y por eso se deben regar varios sectores a la vez) y, por otro, que se desconoce el dato de si la zona verde tiene más fases de ampliación.

Por todos estos datos objetivos, se tomará una actitud prudente tomando el caudal de 156 l/min para realizar los cálculos de dimensionamiento de la instalación.

DIVISIÓN DEL TERRENO EN HIDROZONAS

En este caso, es una división sencilla. Las hidrozonas serán tres: la primera el talud de plantación, y la segunda y tercera cada especie de arbolado.

El talud tiene exposición norte, y noreste, que además se intensifica al existir unos edificios cercanos. Sólo estará soleado durante las primeras horas y las horas centrales del día; así pues, no se distingue en este aspecto alguna división en la hidrozona.

SELECCIÓN DE EMISORES

En el presente caso, hay que definir como se regarán los dos tipos de hidrozona: el talud y el arbolado.

En el caso del talud se regará mediante tuberías portagoteros, que se colocarán en líneas siguiendo las curvas de nivel del talud. Dichas tuberías tendrán un distanciamiento de 50 cm, y los goteros dentro de cada línea estarán cada 50 cm, para asemejarse con el marco de plantación, aunque se recuerda que el objetivo es formar una franja húmeda (por la unión de los bulbos húmedos), y no colocar un gotero al lado de cada planta.

Para las zonas arboladas se tiene en cuenta que es transitable (la filosofía de diseño paisajista es asemejarlo a un huerto urbano). Se seleccionará un sistema de riego para arbolado poco sensible al vandalismo mediante el riego con goteros enterrados. Se instalarán dos goteros autocompensantes y antidrenantes por cada árbol, canalizando el goteo de agua a la superficie para la inspección de su funcionamiento mediante microtubos de PVC flexible.

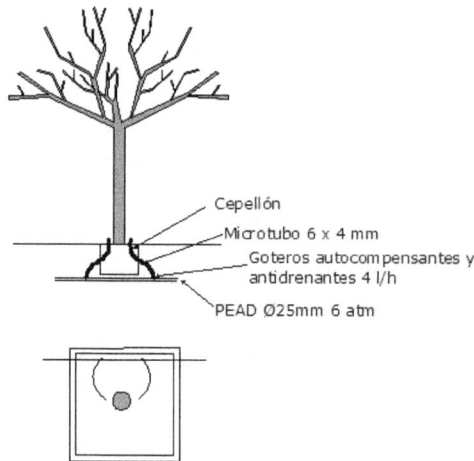

Figura 8.54. Sistema de riego por goteo enterrado

SECTORIZACIÓN DE LA INSTALACIÓN

La sectorización es la división de la instalación en partes de acuerdo con criterios hidráulicos (capacidad de la acometida en el presente caso 156 l/min), y con criterios agronómicos y de diversa índole (capítulo 3).

Para poder conocer el número mínimo de sectores que deben existir en la instalación (criterio hidráulico), se debe comparar la capacidad de la acometida de agua con el consumo total de los emisores del proyecto.

Para calcular el consumo total de los emisores del presente proyecto, hay que conocer el consumo del riego del arbolado y conocer el consumo de agua del talud.

En el primer caso, es tan sencillo como conocer el número de árboles del proyecto y multiplicarlo por el consumo del emisor de riego (en el presente estudio, 8 l/h).

El segundo caso tiene una dificultad mayor, pues es muy complicado y laborioso dibujar todas las líneas de goteo que se van a instalar de forma adecuada, para posteriormente medir su longitud total (esto sólo se realiza en riego de setos). En la práctica, se suele recurrir a una conversión, promediar los metros lineales de tubería portagoteros que existen en cada metro cuadrado. Con este método, se simplifica el problema al conocer la superficie que hay que regar y multiplicarla por ese ratio.

Este dato de conversión de m^2 de superficie a metros lineales de tubería de goteo depende de:

- **La distancia entre líneas.**

- **La distancia de los goteros dentro de cada línea.**

- **La pendiente del talud.**

Con un simple croquis bien dibujado es muy sencillo el cálculo de este dato. En el presente caso, la densidad de la parrilla de goteo es de 50 x 50 cm, y la conversión es que cada metro cuadrado de superficie es regada por 2 metros lineales de tubería de goteo. Dicho lo cual, y conociendo que en la tubería portagoteros estándar cada gotero tiene un consumo de 2,5 l/h, se obtiene el dato que se necesita para cuantificar el consumo de toda la parrilla del talud.

En el presente caso:

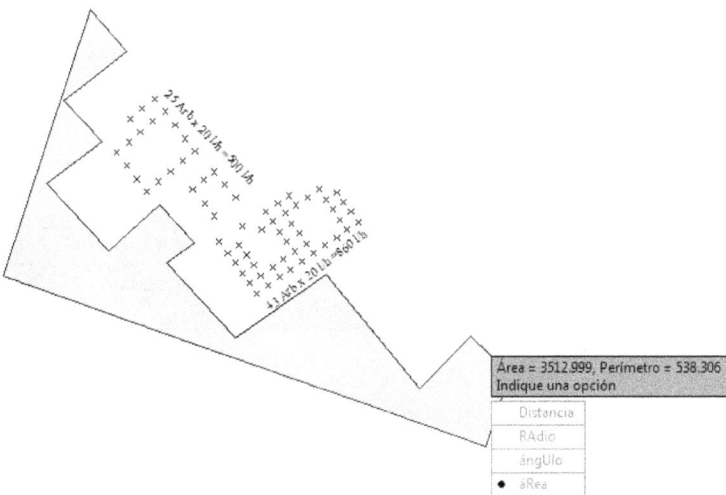

Figura 8.55. Superficie total. 3.513 m^2

- 25 árboles de especie 1 x 8 l/h árbol = 200 l/h

- 43 árboles de especie 2 x 8 l/h árbol = 344 l/h

- 3.513 m^2 talud x 2 ml tubería goteo x 2 got/ ml tub x 2,5 l/h got = 35.130 l/h = 585,5 l/min

Así pues, aunando todos los criterios que se van a aplicar para la sectorización, se tendrán:

- 2 sectores para el riego del arbolado, uno por especie.

- 4 sectores para el riego del talud (585,5 l/min caudal total / 156 l/min de caudal de sectorización = 3,75 sectores).

Conociendo este dato, debemos dividir el talud en 4 partes lo más semejantes posible, (intentando que la división no sea arbitraria, puesto que dificultará el mantenimiento posterior). Es práctica común el que las propias arquetas de registro del cabezal de riego sirvan para indicar los límites. Con estos datos y con el de superficie de cada parte (3.513 m^2/4 = 878,25 m^2), se propone la siguiente sectorización:

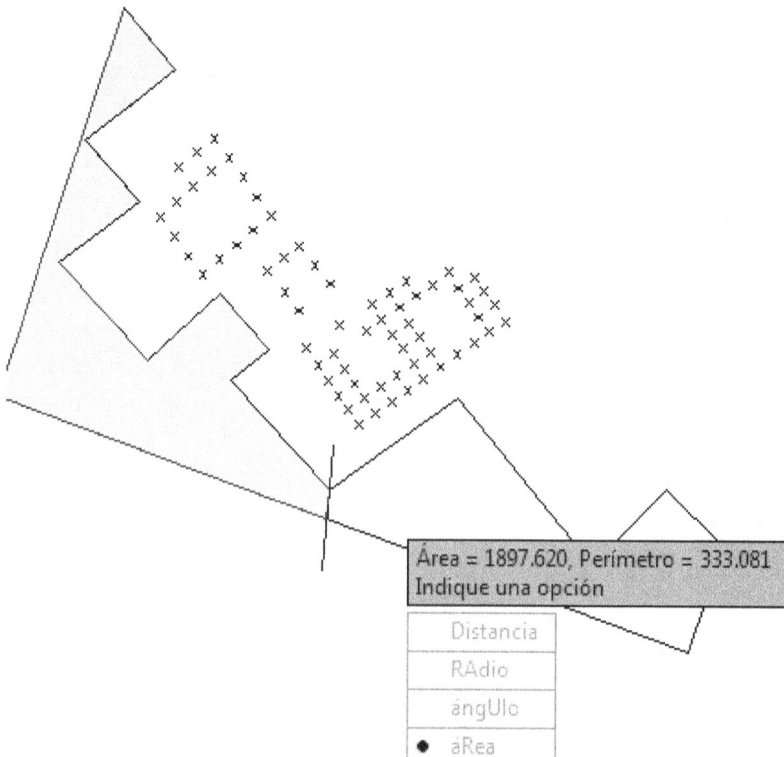

Figura 8.56. División en dos áreas. 1.898 m^2

Sería interesante que un límite fuese el estrechamiento de la parcela, pues es muy fácil de identificar para el personal de mantenimiento.

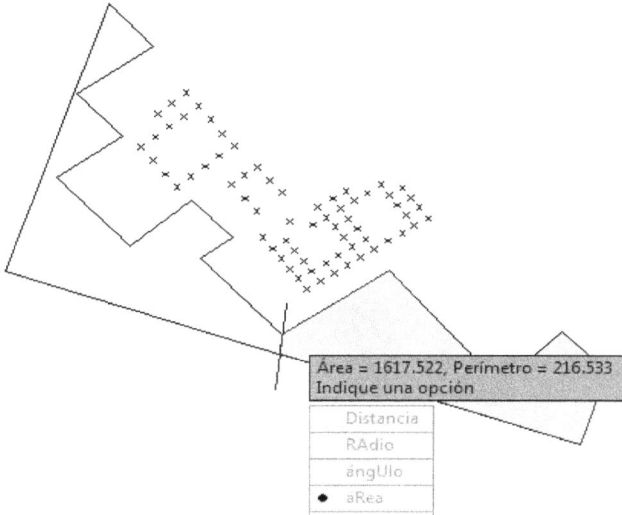

Figura 8.57. División en dos áreas. 1.618 m²

Las zonas quedan razonablemente compensadas. Es preferible que queden claros los límites de las zonas para el posterior mantenimiento (en reparaciones es muy sencillo mezclar zonas si no se conoce bien la división, lo que ocasiona problemas muy graves de funcionamiento) a que las zonas estén matemáticamente compensadas en cuanto a tamaño.

Una vez dividido el talud en dos partes iguales, se prosigue dividiendo cada una de las dos mitades.

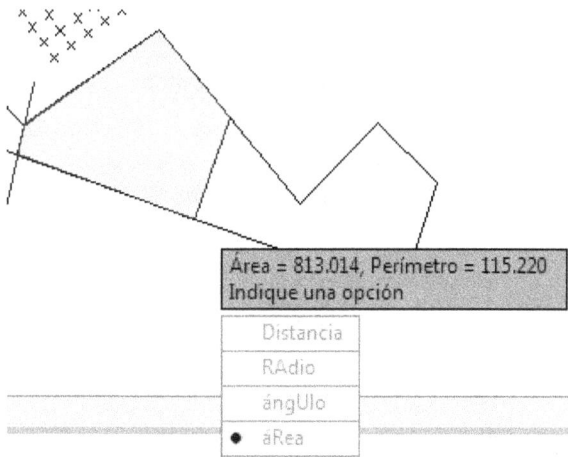

Figura 8.58. Primera subdivisión. 813 m²

Se subdivide la zona derecha en dos partes aproximadamente iguales; se recuerda que el límite lo marcará la arqueta. Una zona tiene una superficie de 813 m² y la otra de 804 m².

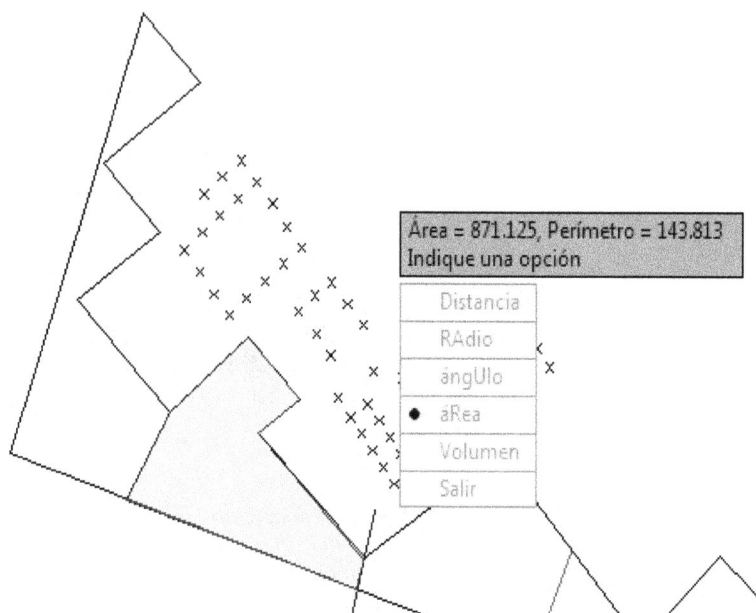

Figura 8.59. Segunda subdivisión. 871 m²

Se prosigue con la división de la última mitad. En este caso, se busca un lugar representativo para realizar la división (lugar donde se colocará la arqueta de los cabezales), y se comprueban las superficies. Una tiene una superficie de 871 m² y la otra de 1.026 m². Viendo que las partes están un poco descompensadas, existen dos alternativas: mover un poco el límite entre los sectores para compensarlos, o mantener ese límite pensando que la auténtica capacidad del grupo de presión está muy por encima y beneficiar el mantenimiento posterior.

En el presente caso, se opta por la segunda opción, pues se prefiere conocer de forma más intuitiva los límites que compensar matemáticamente los caudales.

Cabe mencionar que se toma esta alternativa por criterios de mantenimiento, pero cualquier otra solución es igualmente válida.

UBICACIÓN DE LOS CABEZALES DE RIEGO

Siendo en este tipo de proyectos utilizados para marcar los límites entre los sectores, la situación de los cabezales de riego queda así:

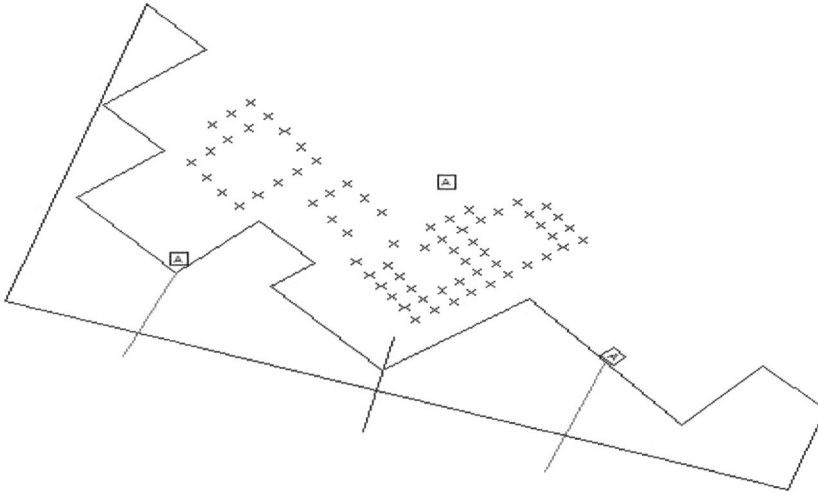

Figura 8.60. Ubicación de cabezales de riego

Lógicamente, los cabezales de riego son dobles, ya que se toma el criterio de unificación de puntos de registro para facilitar el mantenimiento e inspecciones posteriores.

TRAZAR LA TUBERÍA SECUNDARIA

La tubería secundaria es la tubería que une el cabezal de riego con los emisores. En el caso de un sistema de riego por goteo, es la tubería que va desde el cabezal de riego distribuyendo el agua de la forma más uniforme por las líneas de goteo. Dicho de otra forma, es la tubería que alimenta las tuberías de goteo.

Se recuerda que las tuberías de goteo son emisor y distribuidor de agua al mismo tiempo, por lo que su sección tiene una capacidad de transporte de agua, o lo que es lo mismo, tiene una capacidad de alimentar un número determinado de goteros. Los fabricantes de este tipo de tuberías desarrollan unas tablas en las que indican la longitud máxima de tubería sin alimentación, es decir, el número de goteros a los cuales puede abastecer ella misma sin tener una nueva alimentación. Estas tablas están realizadas en función de la presión de entrada de agua en la tubería, que de forma práctica se fija mediante el reductor de presión y el desnivel de talud.

Las tablas de distintos fabricantes tienen datos similares al tratarse del mismo material y el mismo diámetro; únicamente se diferencian en el tipo de gotero y su consumo.

La siguiente tabla de uno de los fabricantes más reconocidos ofrece la información necesaria:

Tubería Ø 16 mm con goteros autocompensantes		Longitud de ramal en terreno llano	
		Separación entre goteros	
Presión	Caudal	30 cm	50 cm
1,0 atm	2,2 l/h	47 m	73 m
1,5 atm	2,2 l/h	67 m	104 m
2,0 atm	2,2 l/h	80 m	124 m
2,5 atm	2,2 l/h	90 m	139 m

En la instalación la tubería que se colocará tiene una separación entre goteros de 50 cm y es recomendable regular el reductor de presión a 3,5 atm aproximadamente, con lo que obtendremos una longitud máxima entre alimentaciones de 150 metros.

Es buena práctica no dimensionar tan al límite una instalación y añadir alimentaciones cada menos distancia. En circunstancias normales, los autores recomiendan separaciones entre alimentaciones inferiores a 80-100 metros.

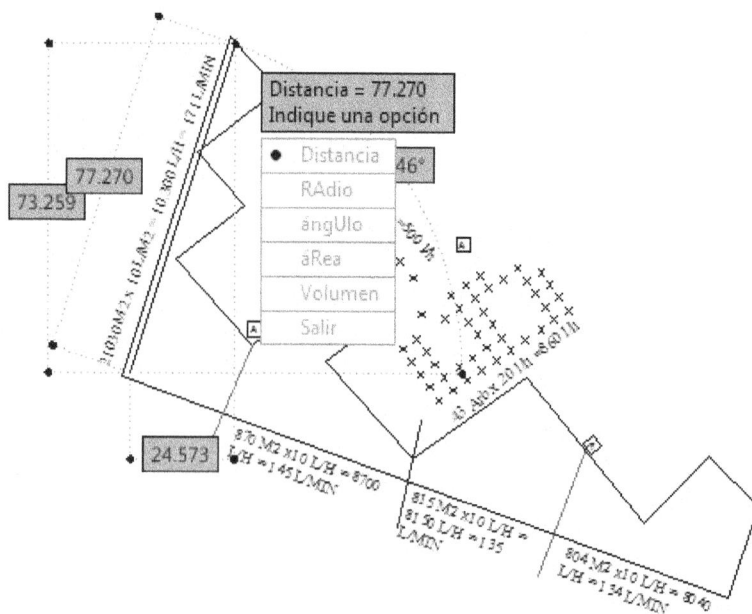

Figura 8.61. Selección de la zona más desfavorable

Se observa que en la zona más desfavorable la longitud máxima es muy inferior a la recomendada (77 metros en la ilustración anterior).

Pero, en el presente caso, hay que percatarse de que la zona de plantación no es uniforme, sino que tiene zonas de gran anchura y zonas muy estrechas, por lo que habrá que realizar varias alimentaciones, una en cada zona ancha.

Por último, es buena práctica en zonas de taludes realizar alimentaciones en dos o más niveles (según el desnivel), para evitar que cuando cese la presión de riego se produzca una escorrentía considerable en la zona inferior (descarga). Subdividiendo la alimentación en dos zonas (zona alta y zona baja) se logrará que la zona de descarga se produzca en dos lugares en vez de en uno y por tanto de forma menos cuantiosa. Para que el cabezal de riego no haga de comunicación entre las dos zonas se instalará una válvula de retención en la salida superior.

En la zona de árboles se instalará tubería secundaria corrida de alcorque en alcorque, intentando realizar todos los cierres posibles para una mayor compensación de los caudales y las presiones y tener la capacidad de ampliar en un futuro esa zona en unas mejores condiciones.

Mencionados todos esos criterios, el trazado de tubería secundaria que se propone es el siguiente:

Figura 8.62. Trazado de tuberías secundarias

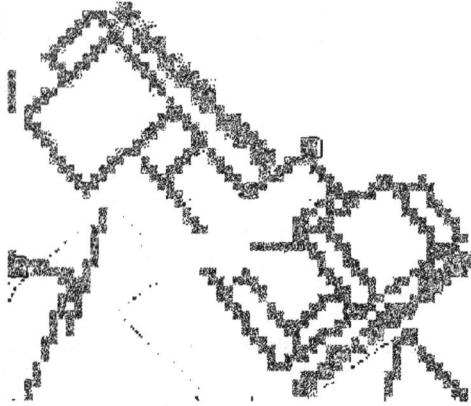

Figura 8.63. Caudales de arbolado

TRAZADO DE LA TUBERÍA PRINCIPAL

La tubería principal simplemente recorrerá los cabezales de riego para abastecerlos de agua, desde un punto donde se enganche a las tomas previstas de la tubería general que viene del parque existente.

En el presente caso, se intenta aprovechar la máxima zanja existente para el paso de la tubería general y huir de trazados muy tortuosos y carentes de lógica.

Por supuesto, cualquier otra solución razonable sería válida.

Dicho lo cual, la solución propuesta es la siguiente:

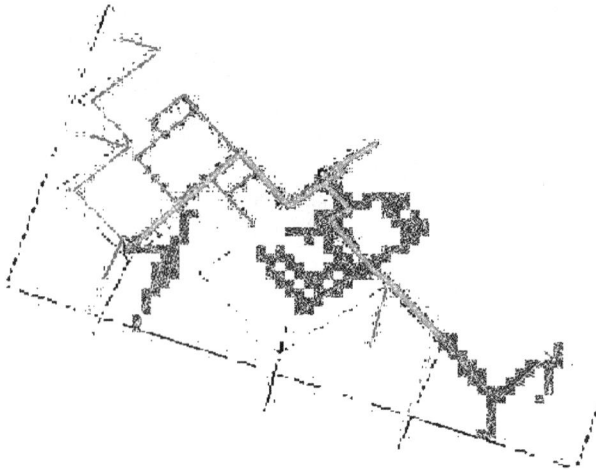

Figura 8.64. Tubería general y secundaria

DIMENSIONAMIENTO DE LA RED DE TUBERÍAS

Se empieza por las tuberías secundarias. Para su dimensionamiento hay que tener en cuenta el dato de caudales punta de cada uno de los sectores de riego y recordar que las alimentaciones se realizan en dos niveles, por lo que justo a la salida del cabezal de riego el caudal es aproximadamente la mitad del caudal punta.

En el terreno, la división en los dos subsectores (para evitar el exceso de descarga, como ya se comentó) será un tanto complicada. Difícilmente se conseguirán consumos iguales en ambos subsectores, por lo que no conviene ajustar el diámetro de las tuberías.

Obsérvense los caudales punta de los sectores:

Figura 8.65. Caudales punta

El sector más desfavorable es el de la izquierda, con un caudal punta de 171 l/min, que dividido entre dos, alimentación separada por niveles, resulta un caudal de 85,5 l/min. Si se examinan los datos ofrecidos en la tabla de caudales en función de la tubería en el capítulo 2, se seleccionará una tubería de PEAD 10 atm 40 mm.

Para no complicar el montaje y almacenaje en obra, se instalarán todos los sectores con el mismo tipo de tubería (hidráulicamente es necesario si se comprueba, pero, si no lo fuese en algún caso, prima más la facilidad del montaje sobre un inapreciable recorte económico por recortar diámetros).

El caso del arbolado se enfoca de la misma manera, el caudal punta del sector más desfavorable es 344 l/h, o lo que es lo mismo, 5,73 l/min. En la tabla de selección de diámetros del capítulo 2, se aprecia que es suficiente con tubería de PEBD 16 mm 6 atm (es la que sirve para alimentar a los aspersores alcance medio con un consumo de 13 l/min).

Pero pese a que esa tubería es adecuada para transportar esa cantidad de agua, no es recomendable (por su fragilidad estructural) para ser enterrada y estar situada en una zona de paseo. Por dichos condicionantes, se opta por instalar una tubería de PEBD 25 mm 6 atm, de mayor grosor de pared (resiste el tránsito de peatones).

La tubería general en el presente caso no se va a dimensionar en función del caudal (si así fuese habría que seleccionar PEAD 63 mm 10 atm). Se seguirá con el criterio de mantener la tubería de alimentación PEAD 90 mm 10 atm para guardar el mismo criterio y tener la posibilidad de realizar futuras ampliaciones.

DIMENSIONAMIENTO DE LOS CABEZALES DE RIEGO

El siguiente paso es el dimensionamiento de las válvulas de los cabezales de riego.

Se desarrollará el interesante caso de los cabezales del talud, y se dejarán, a modo de ejercicio para el lector, los cabezales de la zona de arbolado.

Lo primero que hay que definir es el tipo de válvulas que lleva un cabezal de goteo como este:

- Es necesario que se instale una **válvula de esfera** que cumplirá la función de aislamiento y corte en caso de revisión, avería, mantenimiento de filtros…

- Se necesitará instalar un **filtro de malla** para elementos "gruesos", con una luz de tamiz de 80 mesh.

- Será indispensable la instalación de una **válvula reductora de presión regulable**, para adecuar la presión de la red de agua a las necesidades de los goteros, en este caso autocompensantes.

- Una **electroválvula** para poder automatizar la instalación.

- Un **filtro de anillas** para elementos "finos", con una luz de filtrado de 120 mesh.

- Y unas **válvulas de retención** para evitar la escorrentía una vez parado el riego (por gravedad) en la zona más baja.

Mencionado lo cual, los dos cabezales de riego del talud quedarán configurados de la siguiente forma:

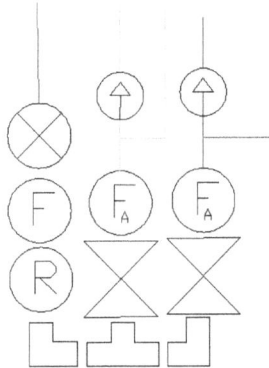

Figura 8.66. Cabezales de riego

Se dimensiona válvula a válvula todo el cabezal de riego, siguiendo lo indicado en el capítulo 2 del libro.

La válvula de esfera, teniendo en cuenta que la tubería principal es de 90 mm y las salidas son de 40 mm, lo lógico sería instalarla en 2".

El filtro de malla deberá tener el tamaño de la válvula de aislamiento a la que acompaña, por lo que se instalará en 2".

El reductor de presión se dimensiona en función del caudal punta del sector más desfavorable donde va instalado, en este caso 10,3 m^3/h. Si se consulta la tabla del fabricante:

Diámetro nominal	Caudal máximo
DN-15	1,8 m^3/h
DN-20	2,9 m^3/h
DN-25	4,7 m^3/h
DN-32	7,2 m^3/h
DN-40	8,3 m^3/h
DN-50	13,0 m^3/h

Se determina que se instalará una válvula reductora de presión de 2".

Obsérvese que hasta este punto las válvulas son compartidas entre los dos sectores de riego que forman el cabezal. Este sistema tiene las ventajas de economizar el presupuesto y de disminuir el tamaño del cabezal, con lo que es más pequeña la arqueta de registro; por otro lado, tiene el inconveniente de que, ante la avería de una de esas válvulas, afecta al doble de superficie de riego.

La siguiente pieza que hay que dimensionar es la electroválvula. Su tamaño también depende del caudal, con lo que se utiliza el caudal más desfavorable para su dimensionamiento, en este caso 10,3 m³/h. Antes de ver la tabla del fabricante, habría que seleccionar la gama profesional y que sirva para el uso de decodificadores (se verá en el próximo apartado).

Así pues, se examina la tabla adecuada del fabricante:

PGV-151		
m³/hr	1½" en línea	1½" en ángulo
4,54	0,21	0,21
6,81	0,21	0,21
9,08	0,21	0,21
11,36	0,28	0,24
13,63	0,34	0,28
18,17	0,38	0,31

Courtesy of Hunter Industries

Figura 8.67. Pérdidas de carga en electroválvula

Se elegirá la electroválvula PGV-151 -24V®.

Por último, hay que definir el tamaño del filtro de anillas de 120 mesh. Estos filtros nuevamente se dimensionan mediante el dato de caudal. Según el fabricante existirá una tabla de selección u otra:

MEDIDA	CAUDAL m³/h
¾"	4
1"	6
1 ½"	8
2"	25

En el caso del sector más desfavorable, es necesaria la instalación de filtros de anillas de 2". Se comprueba el resto de sectores con idénticos resultados, si no hubiese sido así, el proyectista debería decidir entre hacer todos los cabezales iguales y facilitar el montaje o poner en cada sitio el filtro necesario, renunciando a esa capacidad extra en almacenamiento de sólidos filtrados que aportaría la medida superior.

Por último, las válvulas de retención instaladas en las salidas de alimentaciones superiores tendrán el mismo tamaño que la tubería en la que están instaladas, es decir, 1 ¼".

AUTOMATIZACIÓN DEL SISTEMA

Al ser una ampliación de un parque ya ejecutado, la coherencia aconseja que se mantenga el sistema ya seleccionado.

El sistema centralizado por decodificadores elegido aporta la ventaja (necesaria en este preciso momento) de poder ser ampliado con suma facilidad. Además, es un sistema muy adecuado para automatizar grandes superficies con un gran número de sectores.

Lo único que habrá que hacer es instalar un cable de 2 hilos cumpliendo con las indicaciones del fabricante e instalar un pequeño aparato llamado decodificador en la propia arqueta donde está el cabezal de riego. Todo el material será de la marca comercial que se eligió en la zona antigua para que sea compatible con el sistema existente.

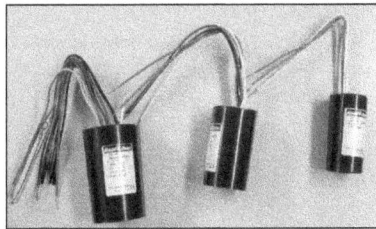

Figura 8.68. Decodificadores

DEFINIR LA RED DE HIDRANTES

En el presente proyecto, no se proyectó la instalación de hidrantes por indicaciones del cliente.

En caso de haber sido necesaria su instalación, habría que ceñirse a unos cuantos criterios para su diseño:

- Instalación a una distancia aproximada de 40-50 metros unos de otros (normalmente las mangueras miden 25 metros).

- Cubrir la práctica totalidad de zonas regables del jardín.

- Utilizar el tipo hidrante que se use en la ciudad donde se sitúa el proyecto.

- Instalarlo en la tubería principal, con lo que sería necesario dimensionar los ramales para alimentar el hidrante.

ÍNDICE ALFABÉTICO

www.ingramcontent.com/pod-product-compliance
Lightning Source LLC
Chambersburg PA
CBHW081500200326
41518CB00015B/2328